?! 歴史漫画サバイバルシリーズ 10

江戸の町のサバイバル

（生き残り作戦）

マンガ：大富寺 航／ストーリー：チーム・ガリレオ／監修：河合 敦

はじめに

江戸時代は平和な世の中が続き、庶民が経済力をつけたことで、初めて町人中心の文化が生まれました。今回のマンガは、江戸時代の文化や庶民の暮らしがテーマです。

江戸時代の文化について、学校の授業では、江戸時代初期に生まれた歌舞伎や、当時の世の中や人々を描いた浮世絵が人気になったこと、蘭学や国学といった新しい学問が広まったことなどについて学習します。

マンガでは、時空泥棒ゴエモンと時空警察の争いに巻き込まれて江戸時代に飛ばされたリンとトキオのふたりが、江戸の町に暮らす人々と触れ合いながら、ゴエモンを捕まえるために大騒動を起こします。

リンやトキオと一緒に、江戸時代の人々の文化を知る旅に出ましょう！

監修者　河合 敦

江戸の町のサバイバルの舞台は…？

もくじ

歴史サバイバルメモ

登場人物

リン

トキオとは幼なじみ。
思い立ったらすぐ行動する
とても積極的な女の子。
みんなを引っぱっていくタイプ。

トキオ

特技は絵を描くこと。
ちょっとおとなしい男の子。
自分の興味のあることにだけは
積極的になれるオタクタイプ。

ハヤタ

ゴエモンを
追っている
時空警察官。

葛飾北斎

見た目はへんだが
トキオが憧れる天才絵師。
作品が、ゴエモンのターゲットに
されて……。

杉田玄白

江戸の町で
リンとトキオ、ハヤタを
助ける。
じつはとても有名な医者。

平賀源内

発明家で科学者で
江戸の町の大天才だというが
なんか軽いノリ。

ゴエモン

時空を超えて
名画を盗んでまわる、
自称、大泥棒。
北斎の絵に狙いをさだめる。

1章
名画を盗む大泥棒!?

日本の浮世絵にも名画がたくさんあるよ

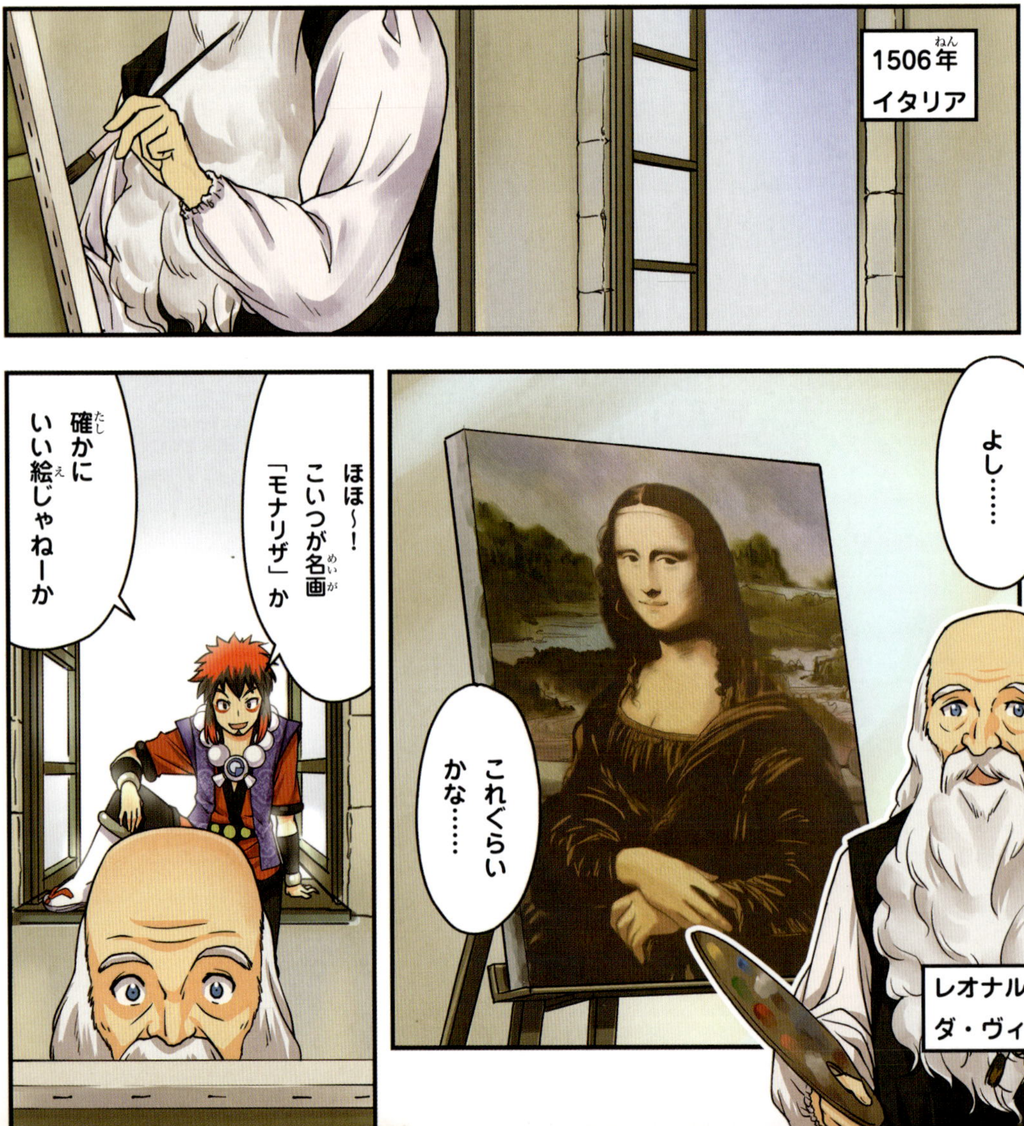
1506年 イタリア
よし……
これぐらいかな……
レオナルド・ダ・ヴィンチ
ほほ～! こいつが名画「モナリザ」か
確かにいい絵じゃねーか

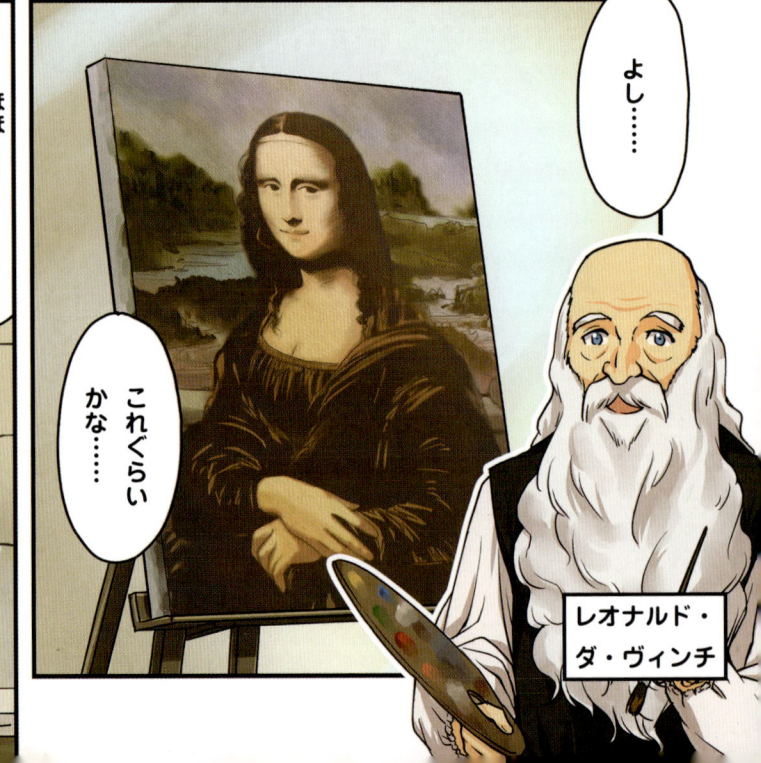

誰だ……!?
おっと
スポッ
うわっ!?
な……何をする!?
むぐっ
ちょっとだけ おとなしくしていてくれ
用があるのは
にゅーーん
あんたが描いた この絵だけなんだ
ありがたく いただいて いくぜーっ!!
ピューー
ま……待てーー!!

ギュ――ン
うっひょー こいつは すっげえ!!
こんなに いい値がつくとは 驚きだ!!
あん?
オレが 誰かって?
名画リスト
970,008,000yen
5,800,000,000yen
1,800,000,000yen
聞いて おどろけ 見て とどろけ
ゴエモン
人呼んで 天下の大泥棒
時空を飛んで 名画を盗む
ゴエモン様よぉ!!
ばん!

なんだ？サインほしいって？
ピコーン
しょうがねえ……
ぼっ
ってまたな！オレ様は忙しいんだ
ポイッ
おお 次の目標か どれどれ……
おいおい こいつも すげーじゃねえか！
葛飾 北斎
かつしか ほくさい
5,931,000,000yen
よし 決めたっ！次の行き先は 日本の～
江戸時代
ゴゴゴン
エネルギー波接近中
なんだ？この振動は……
はっは～！
毎度毎度 こりないねえ

待ちなさーい!! ゴエモン!!
キィーン
今日という今日は絶対逃がしません!!
時空警察さんのおでましかい!
本部 応答願います こちらハヤタ
時空警察 ハヤタ
1506年 イタリアで ゴエモン発見!
追撃許可願います
許可する ただし名画には気をつけろよ
はい わかってます
健闘を祈る!
総員 撃てーっ!
ヒュッ
ササッ
ビュッ!

だーかーらー
そんな旧型のマシンに
捕まんないっつーの
ほじ ほじ
ほんと
しょーもねー
ポチッ
シュパッ
うわーっ
やられたっ!!
ザー
ザー
みんなーっ!!
ようし
残り1機ぐらい
どうでもいいか
ピッ
時空を飛んで
まいちまえっ!

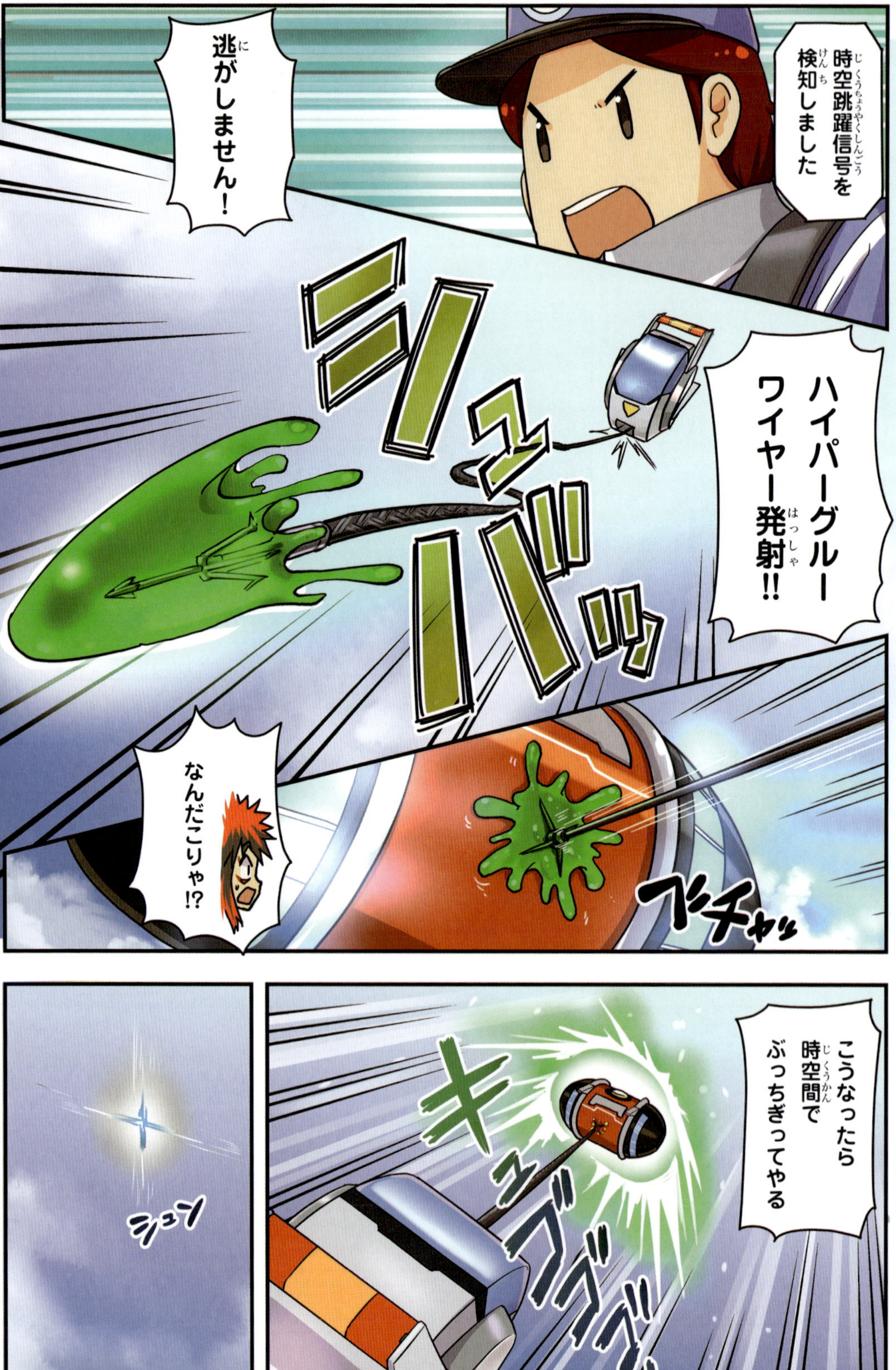

時空跳躍信号を検知しました
逃がしません!
ハイパーグルーワイヤー発射!!
シュバッ
ブチャッ
なんだこりゃ!?
こうなったら時空間でぶっちぎってやる
キュゴゴゴ
シュン

ちっ
離れねえかっ
しつけーヤローだな!
まだ逃げる気ですか?
次の攻撃に移ります!
エレキショック発射!!
ビビビビ
しびびび
ビーッ
システムエラー
あ?
なんだこれ?!
時空跳躍緊急離脱します
ビーッ
おいおいっ
ちょっと待てって～!
ピコーン
ピコーン

現代の東京
んー
トキオ
トキオ 鉛筆見て 何やってんの？
風景を描くのよ 今日の授業は
そのぐらい 知ってるよ！
こうやって 建物とかの大きさを 測ってるんだよ
へー
リン
絵がうまい人は いろんなこと 知ってんのね～
全然 まだまだだよ

もっともっと勉強しないと
あこがれの人に近づけないし
へー そんな人いたんだ？ わたし 知ってる人？
もちろん有名人だよ
誰？ ねえ 誰？
葛飾北斎！
誰よ それ
え――っ！ 世界の有名な画家たちにも大きな影響を与えた江戸時代における浮世絵の大家だよ
あ！ えっと……
絵の具に使う水いるでしょ くんでくるね！
ばっ
いってきまーす！
いってら……

うずまき……？
キュン
ゴオォン
システム復旧完了しました
目標時空へ跳躍します
ガッ
えっ!?
リン
あぶない！

ギュルルル

ブオン
ドオン
パッコーン
ゴロンゴローン
カラン…
いててて
なんなのよ　もう
きゅー
……

まったく
ひでえ目にあったぜ
マシンも
ぶっこわれちまった
じゃねーか……
カシュー
おっ？
んっ？
よっ…
えっ！
なんなの……
ここどこーっ!?

江戸の町ってどんな町？

①徳川家康が町づくりを行った！

江戸の町は、江戸幕府の初代将軍・徳川家康が開発を進めたことで、どんどん発達していきました。家康が江戸に入ったのは、1590（天正18）年のことです。その頃の江戸の町は、寺社や町、港があり、にぎわっていたものの、江戸城は小さく、都市としてもまだそれほど発達していませんでした。

②人口100万！世界一の大都市に！

家康は、まず水運を整備して、輸送路をつくりました。また、海を埋め立てて、江戸城を拡大し、まわりにはけらいの家を配置するなど、都市の防衛を考えながら江戸の町づくりを行いました。

その後、「将軍様のおひざ元」として江戸の町はさらに発達し、18世紀はじめの人口は100万と、当時世界一の大都市だったといわれます。

江戸の町の発達。江戸城を中心に郊外へと開発が進んでいった

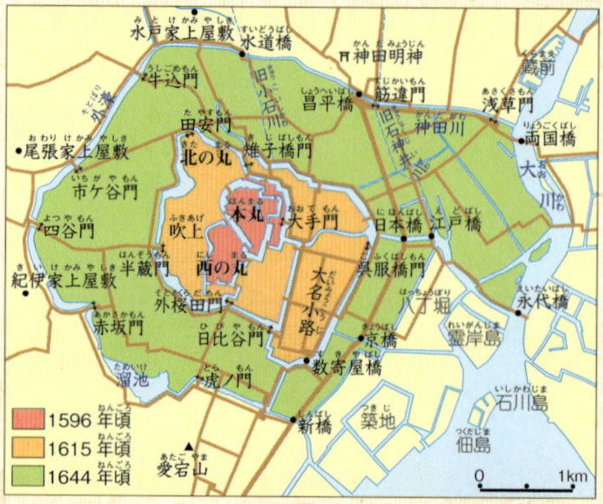

町がどんどん外側に広がっていったことがわかるね

江戸時代のキーパーソン 1

江戸幕府を立て直した将軍

徳川吉宗

★生没年 1684～1751年

江戸幕府の8代将軍。財政難で苦しんでいた幕府を立て直すために、「享保の改革」を行った。この改革によって幕府の財政は立ち直り、その後も手本とされた（→172ページ）。

東京大学史料編纂所所蔵模写

③武士と町人の住むところは別！

江戸は日本の政治の中心でした。町は武士と町人（商人・職人など）の住むところが分けられていて、江戸城のまわりには、武士が住む「武家地」が広がっていました。武家地は江戸の町の60%以上を占め、残りの土地に、町人が住む「町人地」や、お寺などの「寺社地」がありました。日本橋付近には大きな商店が並んでいました。

江戸時代の初めに描かれた江戸の地図で見てみよう！

「武州豊嶋郡江戸庄図」国立国会図書館蔵

北
町人地
日本橋をはさんで南北のあたりは、町人地が広がっていた。
日本橋
半蔵門
江戸城
西
東
京橋
外桜田門
武家地
右ページの地図で大名小路と書かれている場所。大名屋敷が立ち並んでいた。
虎ノ門
溜池
寺社地
溜池の東側など、少し遠い場所に寺社地があった。
南

＊右ページの地図に方角を合わせて、図を回転している

江戸城の天守は1657（明暦3）年の「明暦の大火」で燃えてしまいその後は建てられなかったのです

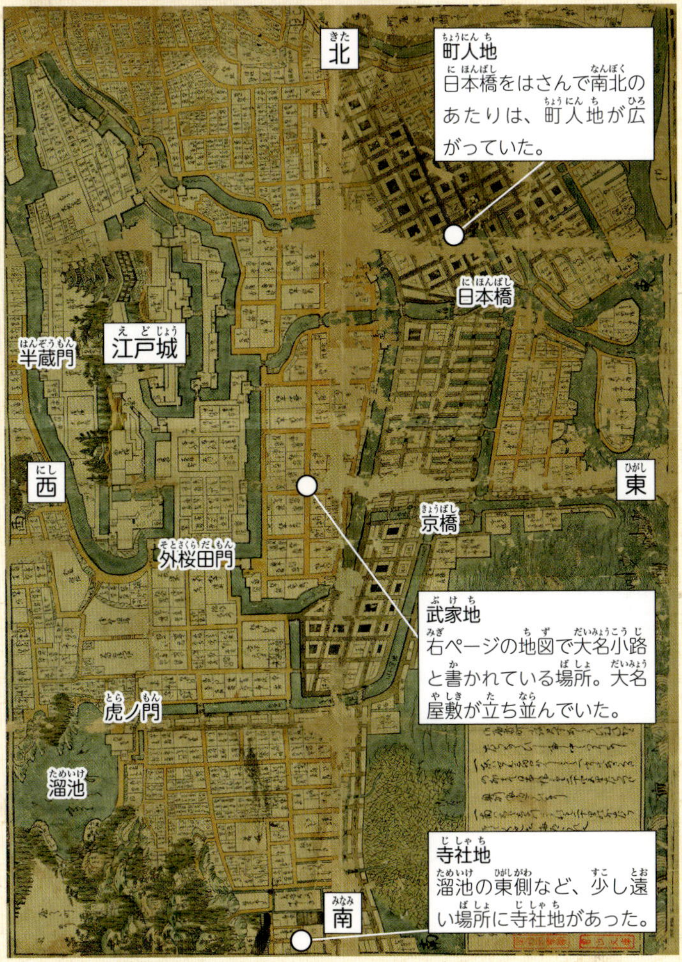

2章
江戸時代に飛んできた!?

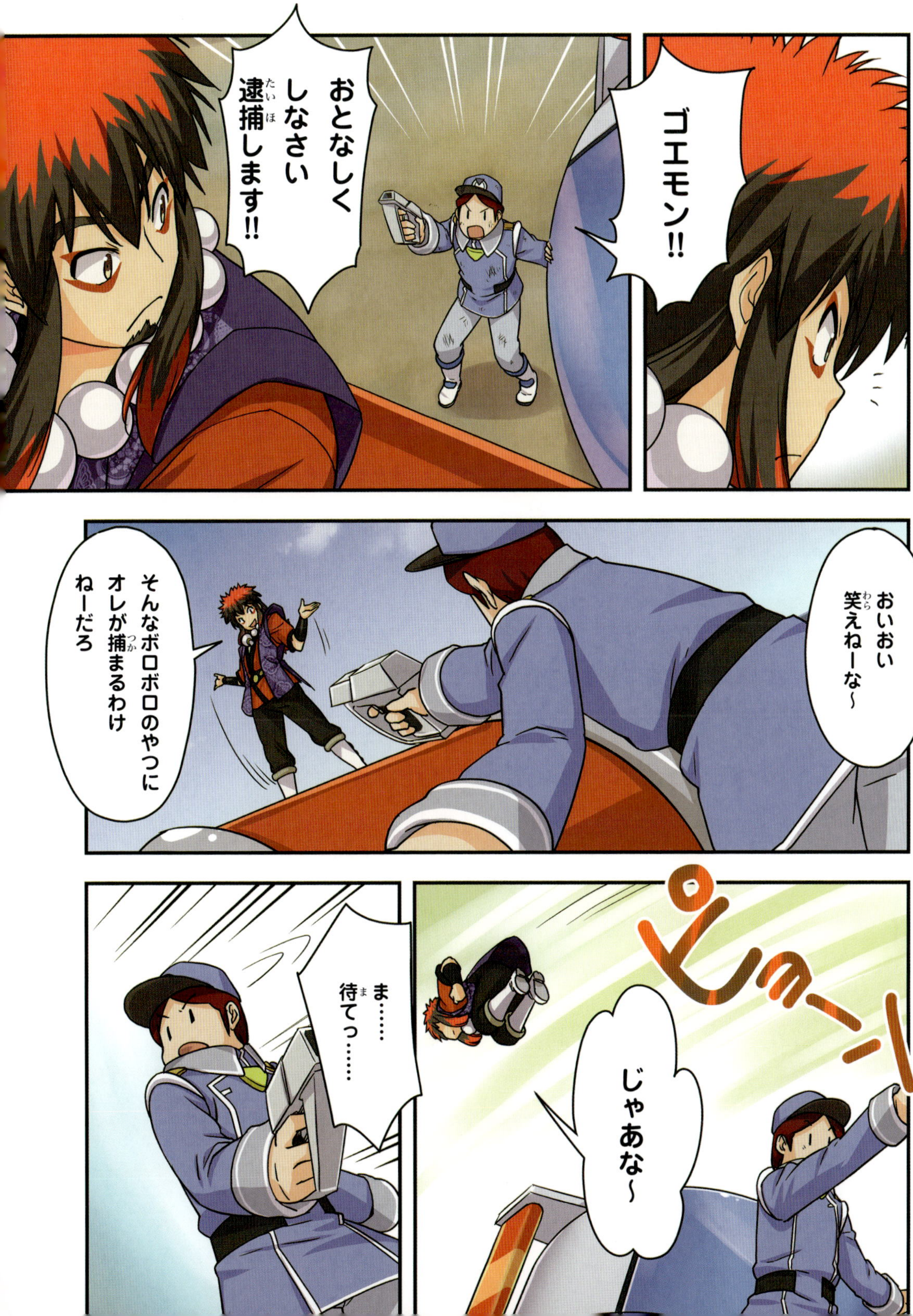

ゴエモン!!
おとなしくしなさい
逮捕します!!
おいおい
笑えねーな〜
そんなボロボロのやつにオレが捕まるわけねーだろ
ピョーン
じゃあな〜
ま……
待てっ……

ま……
て……
いてて…
リン?
大丈夫!?ねえ!
トキオお医者さん!
お医者さん呼んできて!
えっ!?

はやく！
えーと
そんなこと言ったって
おいしゃさん
あたふた
ポン
ちょっといいかな？
どれ わたしが見てみよう
スッ
これはイカンな ひとまず わたしの家まで運ぼう
おーう
誰か手を貸してくれ
きみたちも一緒に来なさい
手当てしてあげよう
あっ
はい！

これで処置は終わりだ
彼もじきに目を覚ますだろう
ふたりともご苦労だったな
お医者さんだったんですね
えーと……
そうかあいさつがまだだったな
わたしは杉田玄白
きみたちの言う通り 医者じゃ
杉田玄白
よろしく
ペコ
ヘビっ
これ何～？すごーいっ
ああ それは『解体約図』だ 人の体の中がよくわかるだろ
解體新書
巻之一
くわしい内容はそこの『解体新書』に書いてあるぞ

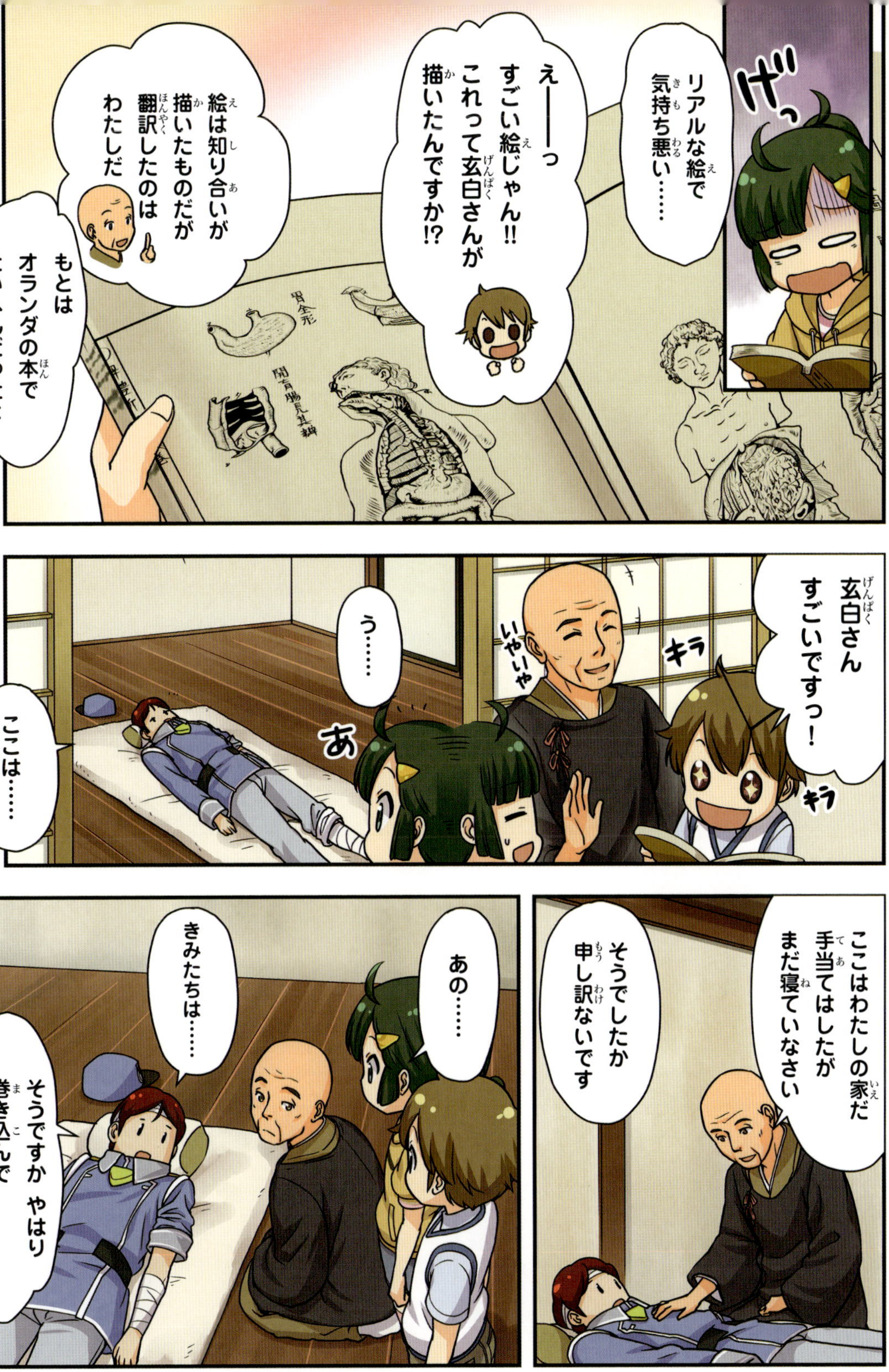

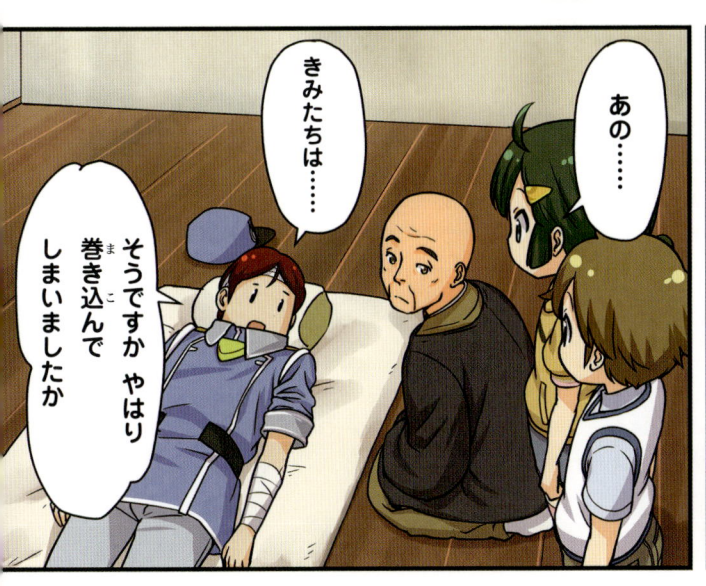

げっ
リアルな絵で気持ち悪い……
えーーっ すごい絵じゃん!! これって玄白さんが描いたんですか!?
絵は知り合いが描いたものだが翻訳したのはわたしだ
もとはオランダの本でたいへんだったよ
胃全形
玄白さんすごいですっ!
キラ
キラ
いやいや
う……
あ
ここは……
ここはわたしの家だ
手当てはしたがまだ寝ていなさい
そうでしたか 申し訳ないです
あの……
きみたちは……
そうですか やはり巻き込んでしまいましたか

巻き込んでって何？
どういうこと？
わたしたちは
どうなったの？
あなたは誰？
さあ 答えて
ちょーだい！
ずいっ
……はい
ではまず 自己紹介から
させていただきます
わたしは時空警察
特務2課所属の
ハヤタ
時空をまたいでの
窃盗犯の検挙が
主な任務なのです
先ほども犯人を
追っていたのですが
その際
ちょっとした
トラブルで
時空座標がずれ
きみたちがいた時間に
出てしまい
時空事故 すなわち
意図しない人物を
巻き込んで
違う時空座標に
飛んでしまったのです
あれっ？
寝てる!?
ぐー…
だって
話長いし
わかり
にくいです
ふぁ…
おぅ
では……
簡単に

タイムマシンで泥棒を追っている時トラブルで きみたちごと江戸時代に来ちゃったということです
ほー
なるほど
ん?
じゃあ ここは江戸時代ってことなんですか!?
タイムマシンってハヤタさんは未来人なの!?
……両方 はい
すごーい!!

江戸時代ということは……
あこがれの北斎さんに会えるかもしれない
ほぁ〜〜
ハヤタさん
はい？
リン想像図
わたし 未来に行きたいっ!!
それは 規則で禁止されているので だめです
何よ！江戸に連れてきたくせに
ぶーっ
すみません
それはほんとうに…
では こうしましょう
わたしが追っている ゴエモンという泥棒を捕まえるのに協力してくれたら上司に頼んでみます
わかった やるわ！
ばっ
えーーっ!?
ピョン

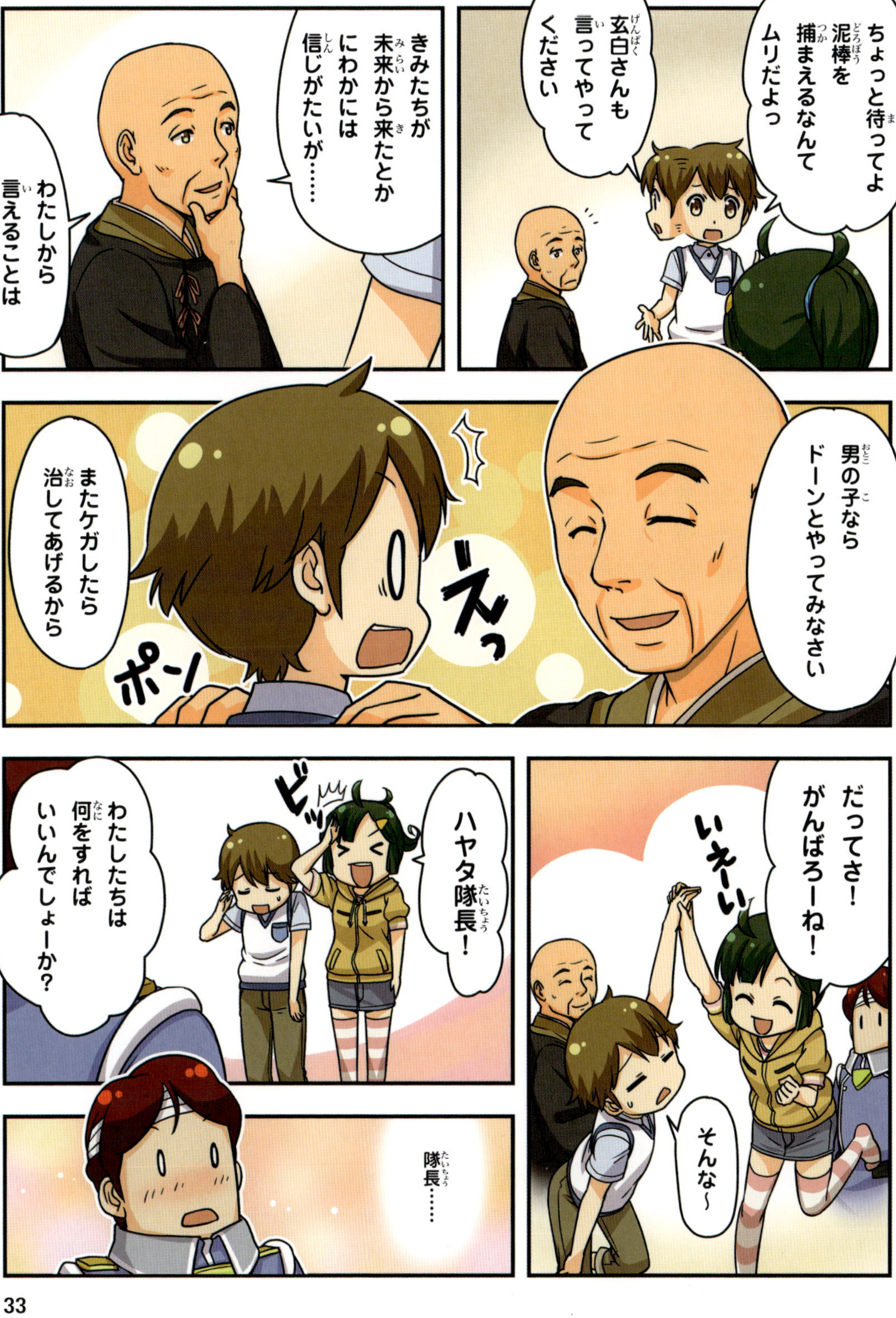
ちょっと待ってよ 泥棒を捕まえるなんてムリだよっ
玄白さんも言ってやってください
きみたちが未来から来たとかにわかには信じがたいが……
わたしから言えることはただひとつ
男の子ならドーンとやってみなさい
ズっ
ポーン
またケガしたら治してあげるから
だってさ！ がんばろーね！
いえーい
そんな～
ハヤタ隊長！
ビッ
わたしたちは何をすればいいんでしょーか？
隊長……

捜査方針を話します！
スッ
はい！隊長！
キュッ
ゴエモンは名画を盗んでまわる泥棒！
それを突き止めてゴエモンを逮捕します！
この江戸にも何か狙いがあって来たはずです！
了解！
その前に着替えが必要かな
わ！
それならこのバッジで
ピッ
ぱっ
すごーい！貸して貸して

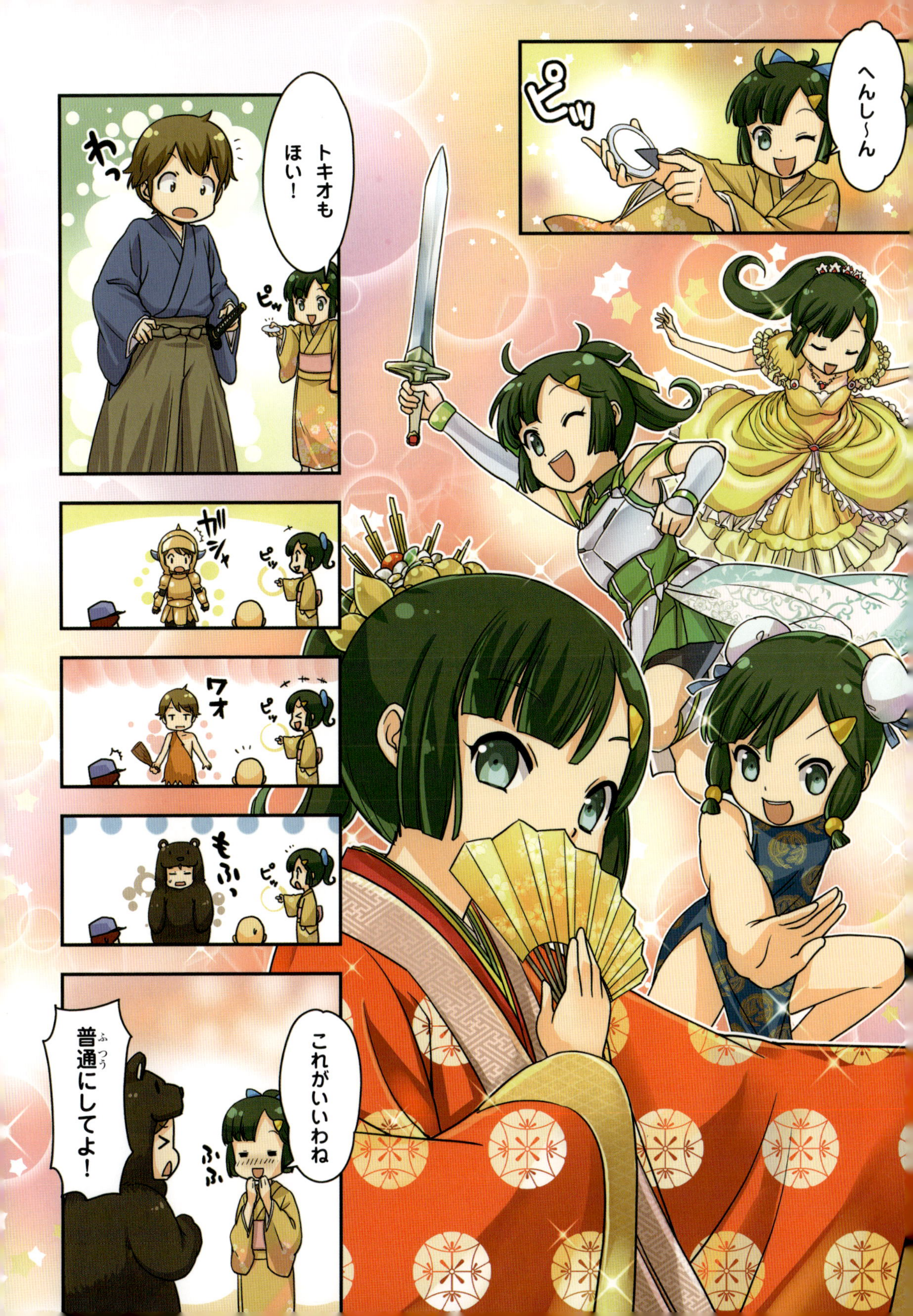
ピッ
へんし〜ん
トキオもほい!
ピッ
わっ
ピッ
ガシャ
ピッ
ワオ
ピッ
もふ、
これがいいわね
ふふ
普通にしてよ!

念のため これもわたしておきましょう
鉄砲とか いらないよ あぶないし！
これは捕まえるための銃なんです 弾が出るわけじゃないから安全ですよ
当たっても死なない？
もちろん
えいっ
ピュン
うわっ！
じるじるっ
くるし……
ぎゅぎゅぎゅっ
あ
ぷしゅぅ
あははははっ
いい音だ！ 健康な証拠だな
ありがとうございます…

よーし それじゃ 行くわよっ！
ゴエモン 待ってなさい！
ドドドドドド
大丈夫かな
どこ行けば いいの？
ピョコ
ずるっ
コケッ
江戸は八百八町＊といって 世界でも 有数の大都市
むやみにさがしても 見つからんよ
写真とかないの？ ハヤタさん
本部には あるんですが……
もぐもぐ
んー！
カッ
あっ
ちょっと待って

＊八百八町＝江戸に町がたくさんあることを表した言葉

シャッ
シャッ
コトッ
バサッ
似顔絵描いてみたんだけど
こんな感じでどうかな?
ほほ〜! こりゃうまい
さっすがトキオ!
おおッ
すばらしい才能! そっくりです!
それじゃ 今度こそ刑事ドラマみたいに似顔絵持って
ハリコミよ!
聞き込みね
いくわよー、

なかなかいい絵がそろってるが……
こういうんじゃないんだよな～
ちょっと聞きてえんだが
へいなんでございやしょう
〝波がざぶ～ん〟って感じの絵はないかい？
〝ざぶ～ん〟ですかい？
いやあうちにはありませんが
ちぇっそうかい

それじゃあ
ちょっとこれを
見てくれるかい?
はい?
シャコッ
ピカッ
おっ
あったあった
とりあえず金は
いつの時代でも
必要だからな
ゴソゴソ
よっと
泥棒だ~!
誰か~!
ま
待て~!
待たねえよ~っと

こんな人さがしてまーす
つかれたよー
どなたか知りませんか～
あら
その人ならさっき見たわよ
え？どこで？
この先の本屋で熱心に浮世絵を見てたわ
ありがとうございます！
ペコ
いいえ
よし！急ごう！
待ってよ～！
ダーッ

身分で違った暮らしぶり

① 大名は豪華な暮らし！

江戸時代は、武士がいちばん偉く、町人たちを支配していました。武士には、大名から下級の武士までいますが、大名の暮らしぶりは豪華なものでした。

御成門
将軍を迎える時に使った特別な門。かざりがとても豪華だ

越前福井藩（福井県）松平家の屋敷（復元模型）
江戸にあった越前福井藩主・松平家の豪華な大名屋敷。江戸時代のはじめに建てられた

② 大商人も負けてはいない！

江戸時代、交通の発達により、貨幣や商品が全国に流通し、商業が大きく発展しました。商売が大成功して、とてつもない財産を築く大商人もあらわれました。江戸の呉服店「三井越後屋」などが有名です。

三井越後屋の中の様子
三井越後屋は布を１反（約11m）単位だけでなく、客の必要な分だけカットして売ったので、人々の評判を呼んだ

三井越後屋（復元模型）
三井越後屋は伊勢国松坂（三重県）出身の三井高利が開いた呉服店。これが発展して、今のデパート「三越」になった

③質素な暮らしの町人たち！

江戸の町人は、商店が並んだ大通りの裏に建つ長屋に住んでいました。長屋の多くは1階建ての木造アパートのようなもので、ひとつの部屋は、板敷きと台所だけの狭い住まいでした。そこに家族4人ほどで暮らすこともありました。ただし、食事は外食やできあいのものを食べることも多く、井戸、ゴミ捨て場、トイレなどは共同だったので、部屋は寝られればよく、狭くても問題はなかったようです。長屋の住人は、おたがいに家族のように助け合って、暮らしていました。

長屋の一室（復元年代 江戸後期 縮尺1/1）
わずか6畳ほどのスペース。月ぎめの家賃は安く、2、3日まじめに働いて稼げるぐらいのお金で借りられた

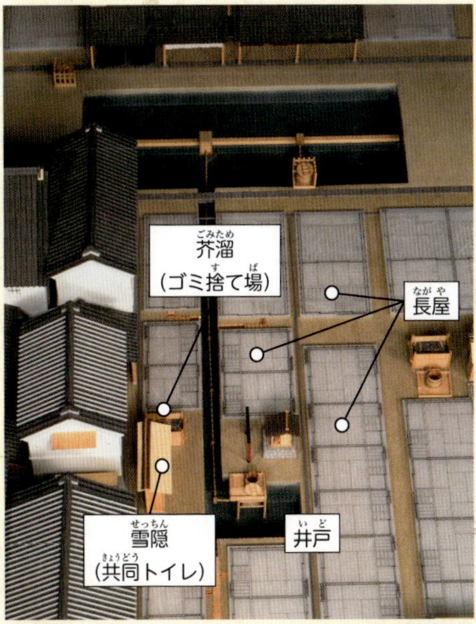

長屋の共同部分

写真：すべて
江戸東京博物館蔵
Image：東京都歴史文化財団イメージアーカイブ

江戸東京博物館は江戸時代の様子がよくわかるよ

●江戸東京博物館
TEL：03-3626-9974（代表）
休館日：毎週月曜日（月曜が祝日または振替休日の場合はその翌日）、年末年始
開館時間：9：30～17：30
（土曜日は9：30～19：30）

ご用だ！
ご用だ！

3章 江戸の町で大捜索！

んで 目くらましされた隙に盗まれたと……
人相は？
髪が赤くて隈取りをしてて……
すみませーん！
ゴエモンが現れたって本当？
たたたっ
おっと
ばっ
誰だい？ そのゴエモンてえやつは
子どもの出る幕じゃねえ 帰った帰っ……
だだっ
ざっ

これがゴエモンよっ!!
ばっ
八丁堀のだんな*!こいつです!
こいつを捕まえてください!
この男か……!
よし!さっそくさがすとしよう
ところで娘この人相書き誰が描いたんだ?
トキオよあそこの男の子
なんと!子どもがこれをっ!?驚きだな……
神童か…
それでゴエモンは?
うむこの店の金を盗んで逃げたらしい

*八丁堀（のだんな）＝江戸の警察官のこと。町奉行で働く与力や同心が住む屋敷が八丁堀にあったことが由来の呼び名（58ページも見よう）

だんな！ その人相書き ぜひ うちで刷らせて もらいやす
そうか 版元だもんな
よし たくさん刷って 町中に配ろう
へい！ 本業の うちの名にかけて いいもんつくりやす
あの！ 版元って出版社 ですよね
絵を刷るところ 見せてもらって いいですかっ？
いいよ！ 見ていきな
こっちだ
やったーっ！
将来の大人気 絵師になるかも しれんしな
いやいや いや!!

ちょいと いいかい
こいつを町中に配りたいんだ
悪いが急ぎでやっとくれ
へい
それからこの子らに仕事を見せてやっとくれ
へい
ペコッ
絵を板にはりつけて
彫刻刀で彫っていくのね
カリッ
カリッ
カリッ
版画なんだね手際いい〜

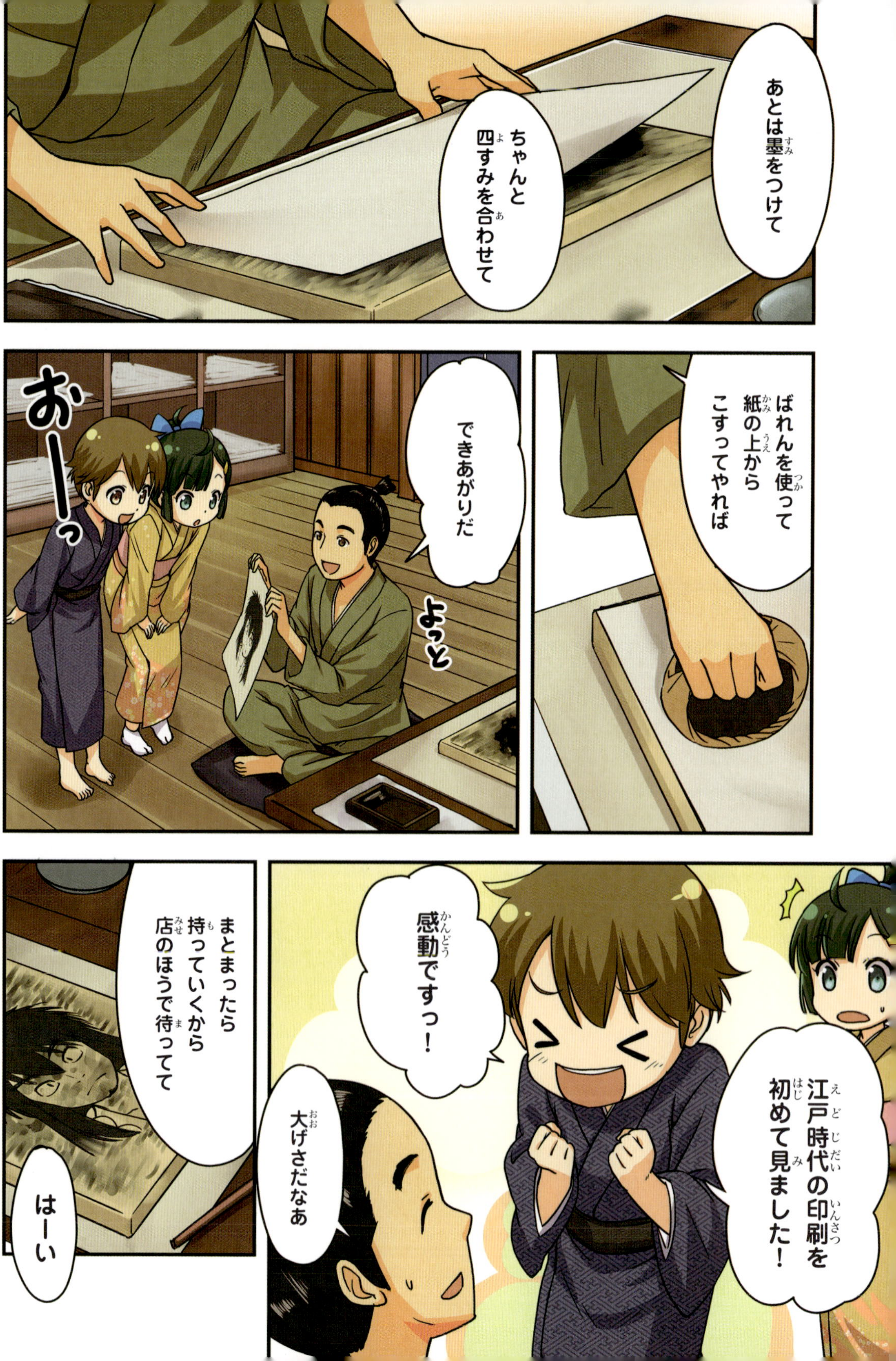
あとは墨をつけて
ちゃんと四すみを合わせて
ばれんを使って紙の上からこすってやれば
できあがりだ
よっと
おーーっ
江戸時代の印刷を初めて見ました！
感動ですっ！
大げさだなあ
まとまったら持っていくから店のほうで待ってて
はーい

たのしかったかい？
はい！ものすごくっ
ふーん……これなんかかっこいいね
おっ嬢ちゃんお目が高いね
それは人気の歌舞伎役者を描いた役者絵さ
こうした多色刷りの浮世絵は江戸中で流行してる
役者絵のほか美人絵も江戸の男には人気だぜ
わくわく
美人絵？見たい！
どうだい
ぴらっ
美人だなあ
いい女ですな
えっ？マジで？
トキオ？どうしたの？
う〜ん
北斎さんの絵がないな〜と思って
えどはなぞね…

あの
葛飾北斎さんの絵って
ありますか?
かつしか……
聞いたことが
ないいなあ
えーーっっ!!
知らない!?
有名な浮世絵師
なんだけど!
おちついて
すまないねえ
うちには
置いてないよ
有名な絵師なら
耳に入ってくるはず
なんだがなあ
……そんなはずは
お待たせしました
お!
できたか
こりゃいいな
ペコ
見せて見せて~
人相書
泥棒
五右衛門

人相書
泥棒
おおおお〜!
すごーいいいいっ!
ボクの絵が浮世絵にっ!!
いいできだな
トキオの絵がこうなるのね!!
それじゃ これを町で配るとしよう
わたしたちも手伝う!
ぼくもっ
すまねえな
よろしく頼む
よーし!
気合入れていくわよ〜っ!
まってよーっ
バサ
バサ
豪快ですね
ああ……

う〜ん……なかなか見つからねーな
〝波がざぶ〜ん〟じゃ伝わらんのか?
いや あれほど高値のつく絵だ
世に出ていたら知られているはず
ぐうう…
そういや何も食ってなかったぜ……
タッ
スタッ
おっ
そば
そばの屋台か!
ちょうどいい腹ごしらえといこう

おやじ! 一杯くれ
あいよ!
トン
はえーな!
こちとら江戸名物の江戸前そばだぜ 当ったりめえよ
早寝 早めし 早グソがとりえってな!
ずるずる
ガッハッハッ
おっと 食ってる時にクソはなかったな すまねえ すまねえ
おやじ かけそば一杯くれ
まいど!
ところで こんなの町で配ってたんだが
ん? おたずね者の人相書きかい フムフム

……って
こいつだーっ!!
ブーっ
ホントだーっ!!
なんだ!? なんだよ おい!
キョロ キョロ
とぼけても ムダだぜ
この手配書のツラから見ると……
泥棒 五右衛門
おめえさん
ところ構わず立ちションしたんだろ!
なんだそりゃ!!
やってねーよ!!
食い逃げばかりしてるって聞いたぞ
いろんな女をだましたんだとさ
あーもうー!! 金を盗んだだけだーっ!
待ちやがれ! 立ちションやろう
ばーか ばーか

番小屋（江戸時代の交番のようなもの）
集まった情報を整理すると……
へい
ゴエモンは浮世絵のお店で目撃されている
〝波がざぶ～ん〟とした絵を探している……
つまり探しているのは
シャッ
ササッ
葛飾北斎のこの絵！
ばっ

うーん
見たことねえし
北斎も知らねえ
ですか……
やっぱり この時代
北斎さんは
まだ世に出ていない
ということか……
とするると……
そうか!
この時代に北斎さんの
絵がなかったとしたら
次はどうする?
そりゃ～
絵がある時代に
移動するわよね
そうか!
タイムマシンね
うん!
絶対 マシンの場所に
戻ってくるはずだよ
たいむ?
なんだそりゃ?
え一と…
説明はあとよ
八丁堀のだんな!

とにかく 今は急がないと!
行くわよっ!
この絵もあの子が描いたのか……
すっ

江戸の町のトップは"町奉行"

①町人地を管理する町奉行

江戸幕府は各地を治めるために奉行を置きました。なかでも「寺社奉行」「勘定奉行」「町奉行」の3つは、「三奉行」と呼ばれ、とても重要な役職でした。このうち、江戸の町人地を管理するのが町奉行（江戸町奉行）で、江戸の町のトップとして、さまざまな仕事を行っていました。

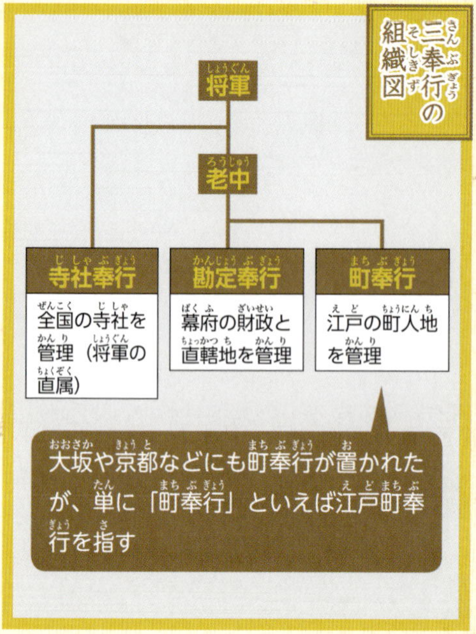

②北町奉行と南町奉行で代わりばんこ

町奉行は、北町奉行と南町奉行のふたりがいて、月ごとに交代で任務につきました。また町奉行は、与力や同心といった部下たちを使い、任務にあたらせました。

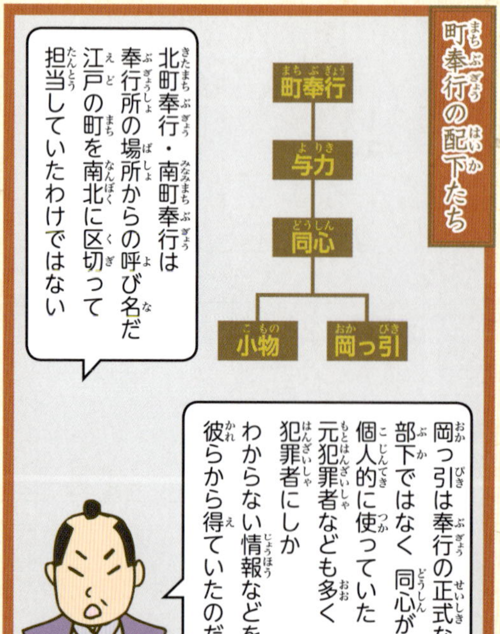

③ 町奉行は“東京都知事”!?

町奉行の仕事は、江戸の町の行政、警察、裁判、消防、災害救助など、じつにたくさん。現在でいえば東京都知事だけでなく、そのほかに警視庁、消防庁、裁判所などのトップもかねていました。

*町奉行が逮捕できるのは基本的に町人のみ

奉行所は大忙しだ！

「捕り物」
犯罪捜査と犯人の逮捕*

「災害救助」
人命救助や道路工事なども

「見回り」
とくに放火に注意

「刑の執行」
死罪、遠島（島流し）、過料（罰金）などを決める

「お触れ」
法律などを町人に知らせる

「牢の管理」
牢は現在の留置場のようなもの

「裁き」
裁判を行う

「火消の指揮」
急いで火事の現場へ

江戸時代のキーパーソン 2

徳川吉宗と二人三脚

大岡忠相（越前）

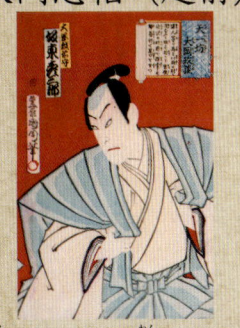

★生没年 1677～1752年
8代将軍・徳川吉宗によって町奉行に取り立てられた。庶民のための無料病院「小石川養生所」や、町人の消防組織「町火消」の設置など、吉宗の改革を支えた（→ 156 ページ）。

大岡忠相を題材にした役者絵「扇音同大岡政談（部分）」から
東京都立中央図書館特別文庫室蔵

江戸時代のキーパーソン 3

桜吹雪（？）の町奉行

遠山景元（金四郎）

★生没年 1793～1855年
時代劇では、肩や背中に桜吹雪の彫り物を入れた姿で登場するが、実際の話かどうかはわからない。幕府が芝居小屋の廃止を命じた際、移転にとどめて庶民の人気者になった。

遠山景元を題材にした役者絵「遠山桜天保日記（部分）」から
東京都立中央図書館特別文庫室蔵

4章 科学も芸術も源内にお任せ！

なんだ……こりゃ……？
これがタイムマシンです
乗り物なの
これが乗り物？
神輿みたいに担ぐのかもしれん

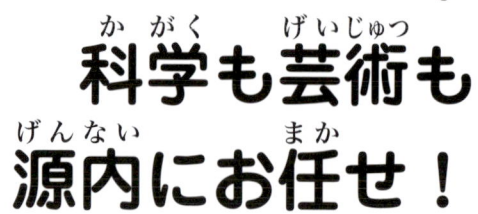

ゴエモンはまだ来てないみたいだね
ここで見張って絶対に捕まえてやるんだから！
チャキッ
ゴン…
なんか上にいるぞーっ！
気をつけてーっ!!
うぇ？
ゴエモンねっ！
逮捕するっ!!

ゴエモン！おとなしく……
なんじゃこりゃー!!
感触はところてんのようだがぎゅーっと しめつけられる！なんだ この素材は!?
うはは！ 動こうとすればするほどしめつけられる！
すごいっ すごいぞ～！ じつに興味深い
ギュ
ギュ
たたっ
ゴエモンじゃない？
なにあれ…
捕まって喜んでる……
なんということだ～っ
あ……
源内さんじゃありやせんか
たたっ
ん？
誰？

＊1 本草学＝植物や動物、鉱物など、さまざまな自然物を研究する学問　＊2 蘭学＝オランダを通じて伝わった西洋の学問

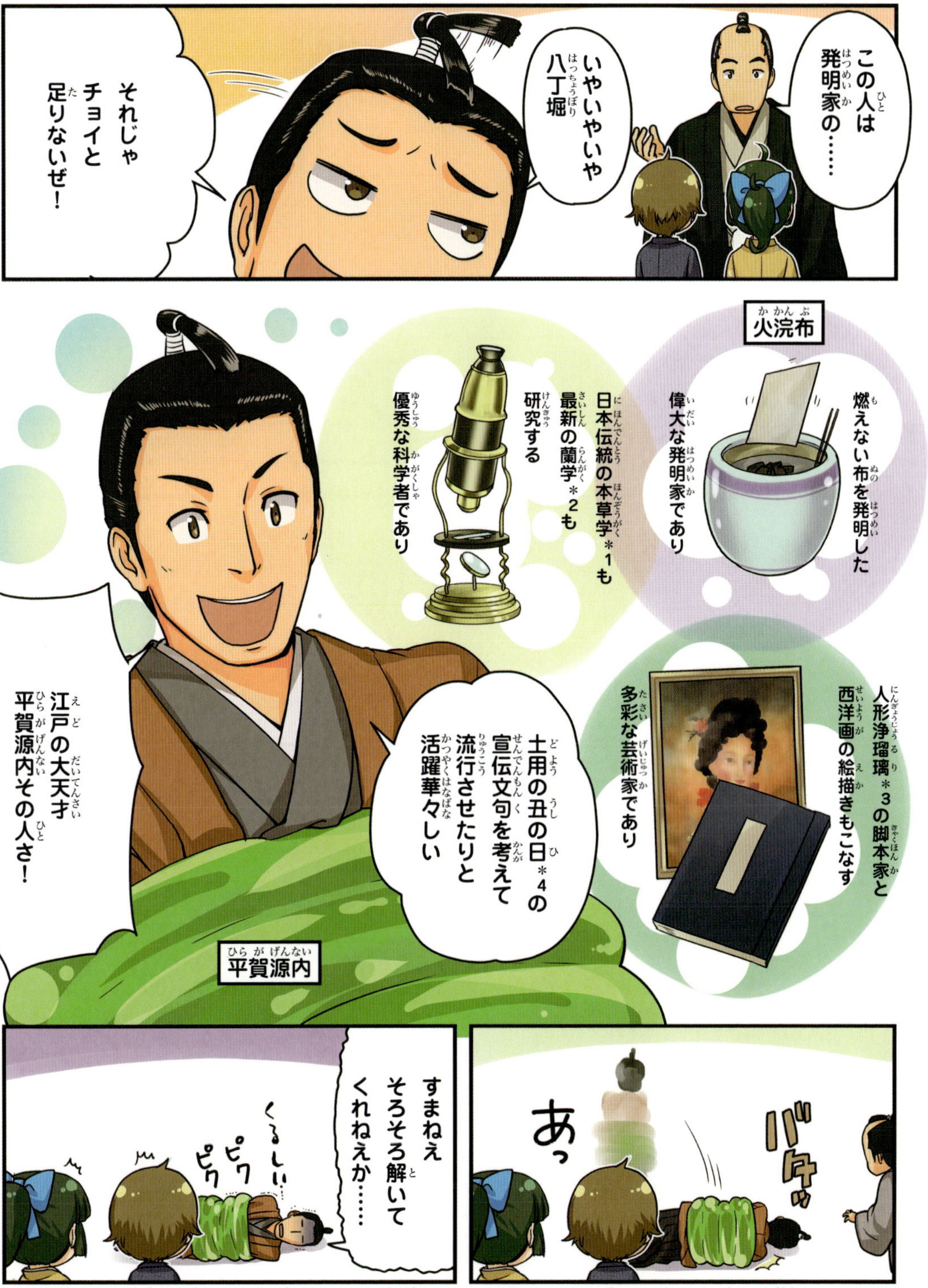

この人は発明家の……
いやいやいや八丁堀
それじゃチョイと足りないぜ！
火浣布
燃えない布を発明した
偉大な発明家であり
日本伝統の本草学＊1も最新の蘭学＊2も研究する
優秀な科学者であり
人形浄瑠璃＊3の脚本家と西洋画の絵描きもこなす
多彩な芸術家であり
土用の丑の日＊4の宣伝文句を考えて流行させたりと活躍華々しい
江戸の大天才平賀源内その人さ！
平賀源内
すまねえそろそろ解いてくれねえか……
くるしい…
ピクピク
あっ
バタッ

＊3 人形浄瑠璃＝人形を使った芝居　＊4 土用の丑の日＝この日にうなぎを食べることが、今でも習慣として残っている

ふう
源内さん
なんであんな
ところに?
そりゃ もちろん
知的好奇心って
やつだよ
見たことのねえものが
町のど真ん中に
落ちたって聞いたから
すぐ来たわけよ
いやー
びっくりだね
こんな面白いもんは
初めて見た
蘭学の本にも載って
なかったからなあ
んで
あちこち見てるうちに
ひらめいたね!
こいつはたぶん
船のような乗り物で
どこかが故障して
動かなくなったんじゃ
ねーかってな
だとしたら
どっかから中に
入れるはずだろ
おれは七つ道具を
持ってハシゴを掛け……

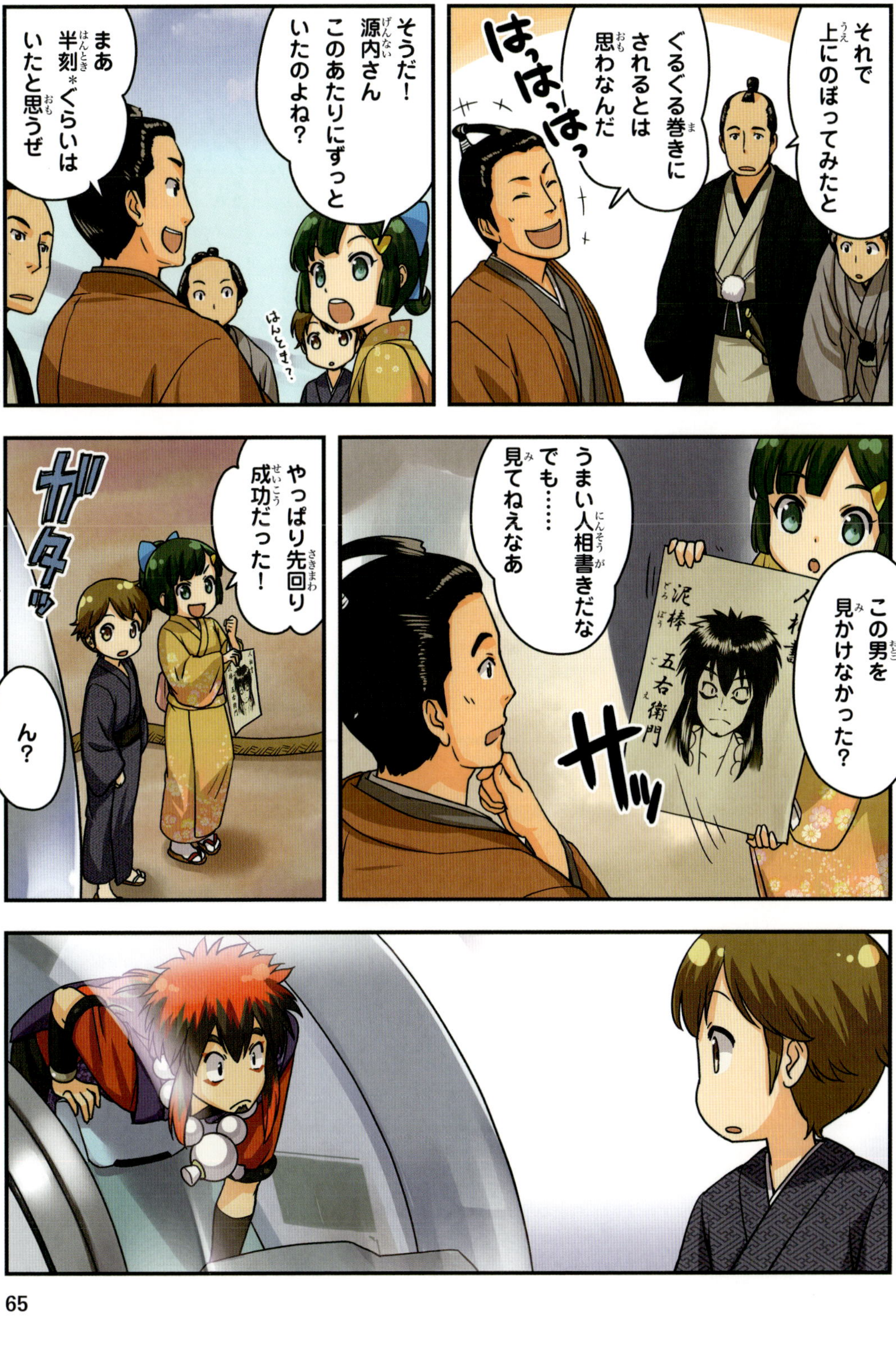
それで上にのぼってみたと
ぐるぐる巻きにされるとは思わなんだ
はっはっはっ
そうだ！源内さんこのあたりにずっといたのよね？
まあ半刻＊ぐらいはいたと思うぜ
はんとき？
この男を見かけなかった？
人相書
泥棒 五右衛門
サッ
うまい人相書きだなでも……見てねえなあ
やっぱり先回り成功だった！
ガタッ
ん？

＊半刻＝江戸時代の時間の数え方で1時間ほど。季節によるが、一刻が約2時間

あ!!
ゴエモンーっ!!
キイーー
ピッ
ピッ

オレは夢でも見てんのか……？
鉄の乗り物が浮いている……！
やい！そこの子どもふたり！
おまえたちだろ！手配書なんかつくりやがったのは！
ひどい目にあったんだぞ！
泥棒なんかするからでしょ！
自業自得です！
うるせーっ!!
おまえらお子様にゃ
待てーいっ!!
どこへ行くのか知らないが
いつのまに！
オレも乗せてけーっ!!
ピョーン
とんだっ

みゅん
やなこった
ペシッ
べちっ
あっ
シュン
じゃーなー!!
消えた……
おい 源内なんだあれは!
そんなゆらさないほうが…
おいおい ケガ人に無理しなさんな
ざっ
玄白さんとハヤタさん!
ちょうどよかった たいへんです!
タイムマシンでゴエモンが逃げちゃったの!
え!? やつのマシンは壊れてるはずじゃ……
ハヤタさんのに乗ってっちゃったの!
ピョーン
なんですって～っ!!
おっ

それは非常にマズイ
じょうしにおこられる
ガクガク
こっちのは直せないのかい?
見てみないことにはなんともですが……わたしは専門ではないので
いるじゃん専門家!
発明家で科学者でウワサの大天才
そんな方が!どこにですか!?
あそこ
平賀源内さん!
さっ

たぶん このへんに
照明のスイッチが……
ぱっ
うわっ なんだ? いきなり明るくなったぞ!?
妖術か?
ただの スイッチですよ それよりも
なんで こんな大勢 乗ってくるんです?
気になるもん!
ボクも
下手人のもんなら 何か手がかりがある かもしれねえしな
まあ とりあえず 見てみようぜ
オレも はいりたかったなー
ほぅ、ほぅ
なるほど なるほど
平賀さん わかりますか?
んー
ふーむ ふむ

さっぱりわからん!
びっ
いばって言うな!
まあまあ未来の技術じゃ仕方なかろう
みらい…?
おいおいゴエモンは未来人だってのかい?
ハヤタくんとこのふたりもな
な…
なんだと……
そこらの子と変わらんが……
さっ
ひゃっ
さささっ
さわっ
さっ
いいかげんにしなさい!
パシュ
あーっ

さて コードとやらを つなげてきたぜ どうだい?
はい! 接続確認できました
これで最終確認を……
カタ カタ
ピー
あ…… そんな……
だめなの?
どうやら起動させるためのスパークセルの不具合……
簡単に言うと電気ショックが必要みたいです
なーんだ 電気なら簡単じゃない 源内さんちのコンセントを使わせて~!
こんせん? なんのことだ?
?
ほらほら こんなのをさすところ~
きつね?
電気はまだないよ
江戸時代には……

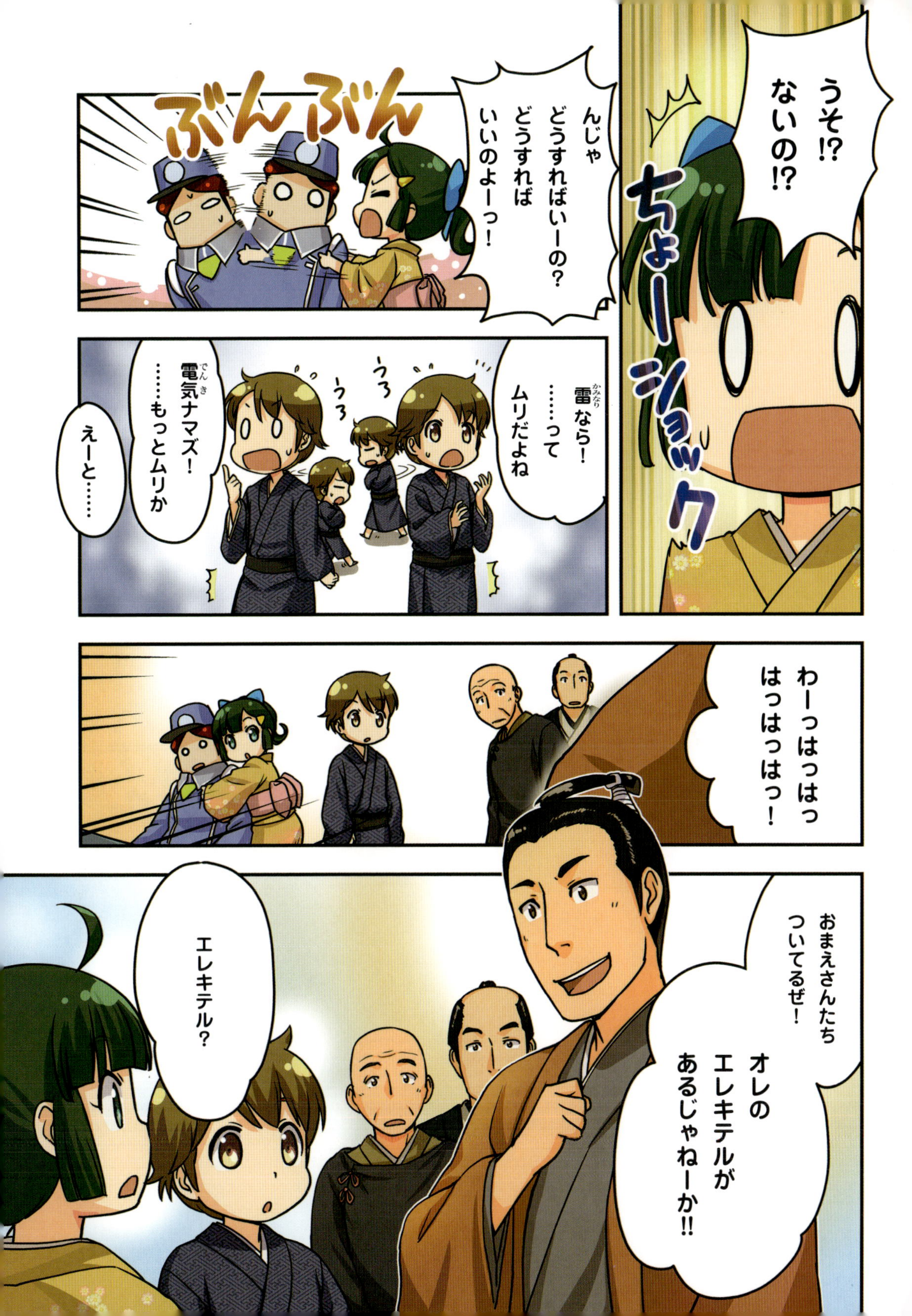
うそ!? ないの!?
ちょーショック
んじゃ どうすればいーの? どうすればいいのよーっ!
ぶんぶん
雷なら! ……って ムリだよね
うろうろ
電気ナマズ! ……もっとムリか
えーと……
わーっはっはっ はっはっはっ!
おまえさんたち ついてるぜ!
オレの エレキテルが あるじゃねーか!!
エレキテル?

江戸時代に花開いた町人文化

① 上方の町人パワー!!

江戸時代は、政治が安定し、経済が発展したことから、江戸・大坂・京都の三都など、都市が大きく成長しました。そして、元禄（1688～1704年）の頃には、上方（大坂・京都など）の町人たちを中心に〝元禄文化〟が花開きました。

近松門左衛門作「国性爺合戦」
協力：人形浄瑠璃文楽座むつみ会
写真：国立文楽劇場

人形浄瑠璃・歌舞伎

人形を使った劇の人形浄瑠璃と、成人男性による芝居の歌舞伎（→157ページ）が大人気に

浮世絵

菱川師宣画
「見返り美人図」
元禄の頃の浮世絵の代表作（→136ページ）

Image：TNM Image Archives
東京国立博物館蔵

江戸時代のキーパーソン 4

上方のカリスマライター
近松門左衛門

★生没年 1653～1724年
人形浄瑠璃や歌舞伎の脚本でヒット作を連発。当時は脚本作家の地位が低く、脚本に作家名は記されなかった。しかし近松は自分の名を記して、作家の地位を高めた。

東京大学史料編纂所所蔵模写

② 文化の中心は上方から江戸へ！

江戸は大きく発展を続けました。文化・文政（1804～1830年）の頃には、文化の中心も上方から江戸の町人に移りました。この時期の文化を〝化政文化〟といいます。また、地方に文化が広まったのも、この時期です。

小説

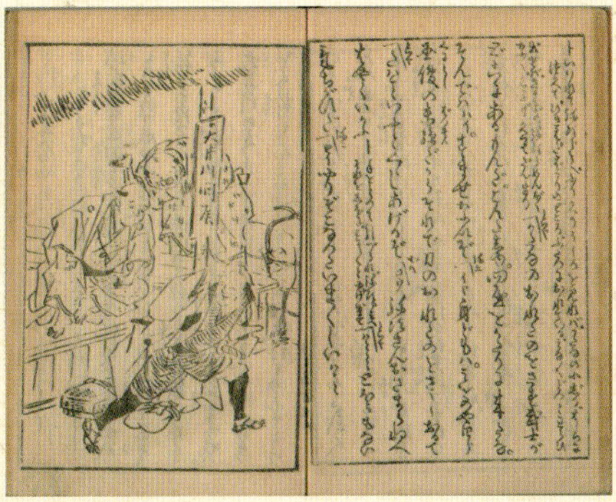

十返舎一九作
『東海道中膝栗毛』
主人公の弥次郎兵衛と喜多八が、失敗を繰り返しながら旅をする物語

国立国会図書館蔵

江戸時代は旅が大流行！
この本を読んで旅に出た人もたくさんいたぜ

江戸時代のキーパーソン 5

江戸時代を代表する大衆作家

十返舎一九

★生没年 1765～1831年
『東海道中膝栗毛』は大人気となり、20年にわたって続編を書き続けた。ほかにもあらゆるジャンルの作品を書き、作品の多さでは江戸時代でもトップクラスだ。

早稲田大学図書館蔵

相撲

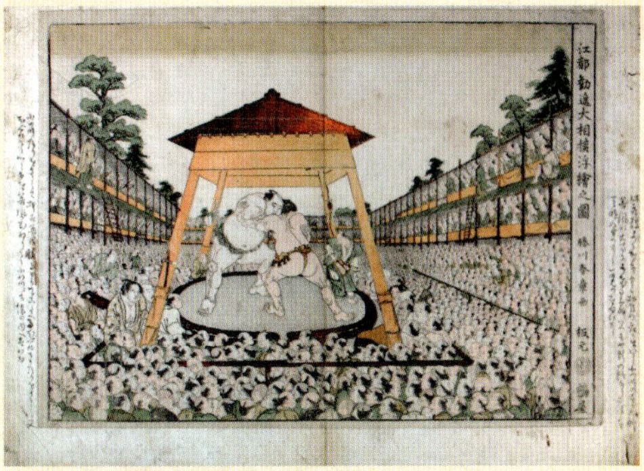

相撲は江戸時代に、寺社の建築などのお金を集めるための「勧進相撲」として発展した。天明・寛政（1781～1801年）の頃には、谷風、小野川、雷電などの強豪力士が人気だった

勝川春章画「江都勧進大相撲浮絵之図」

相撲博物館蔵

5章 ゴエモンを追え!!

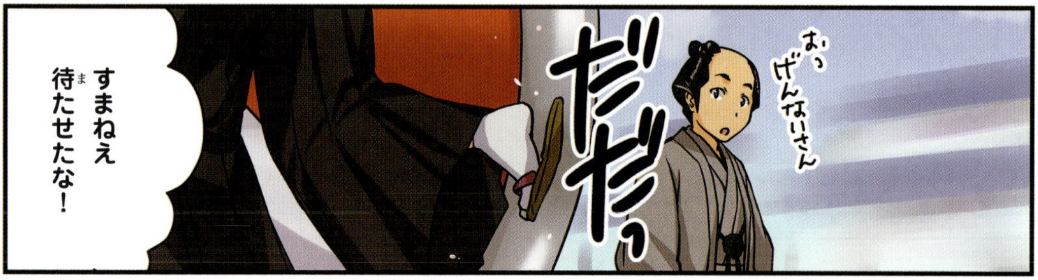

おまえらがほしかったのは絶対これだぜ！
トッ
おー
何が入ってるの？開けて開けてっ
わくわく
開けねえよ
なんでよ
これ自体がエレキテルだからな
え――？
はこじゃん？
まあ 見てなって
ぺっ
ぺっ
この取っ手を回すのさ！
ガッ

おりゃーっ
ぐるぐるぐる
んー
ぬ～～
ぐぐぐ
ぐぉおっ
ぐるぐるぐるっ
パチッ
お～！電気だーっ!!

これっぽっち？
うーん 足りるでしょうか
んなこと……やってみなきゃわかんねーだろっ！
はぁ，
江戸っ子ならしのごの……言うなってのっ
はぁ，
はぁ，
源内さん
すごいです源内さん!!
キラ
キラ
どんなしくみなんですか!?
これ何に使うものなんですか!?
ポン
おまえさんだけは見どころがあると思ってたぜ！
ぐりっ
よし！説明してやろう！

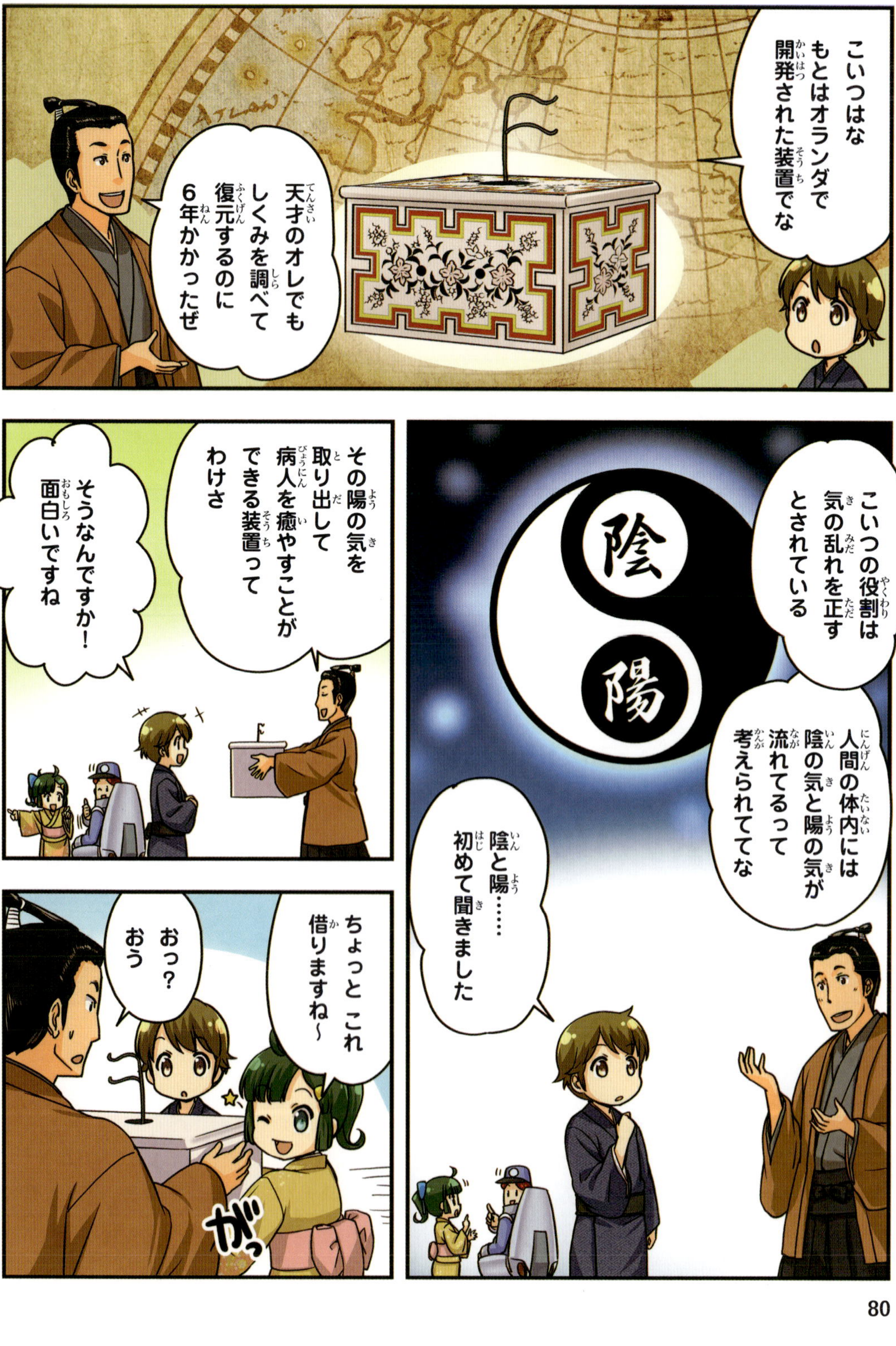
こいつはな もとはオランダで 開発された装置でな
天才のオレでも しくみを調べて 復元するのに 6年かかったぜ
こいつの役割は 気の乱れを正す とされている
陰
陽
人間の体内には 陰の気と陽の気が 流れてるって 考えられててな
陰と陽…… 初めて聞きました
その陽の気を 取り出して 病人を癒やすことが できる装置って わけさ
そうなんですか! 面白いですね
ちょっと これ 借りますね～
おっ? おう
がっ

あ！病気を癒やすって玄白さんに通じるものがありますね
あれ？
そういえば玄白さんもオランダの本を……
そうだよく覚えておったな
わたしも源内もオランダを通して西洋の科学や医療を学んでいるんだよ
日本の科学は外国に比べるとまだまだ遅れている
これからも西洋の進んだ技術が日本に入ってくる
オレたちはこれからたくさん西洋の科学を勉強して日本をもっと発展させたいと思っている！
おー

ふたりとも すごいんですね！
すごいかな？
おいおい すごいに決まってるだろ
あはははは
もー あははじゃな〜いっ!!
あのさー 目的を忘れてない？
オレの講義を聞くことだろ？
パシュ
ぐるじ…
ゴゴゴ
目的は！ なんだっけ！
タイムマシンを動かすことです
よろしい

じゃあ ちゃんと持ってね
はい！
ぐっ ぐっ
いくわよ～
ぐるぐるぐる
うにゅ――っ!!
にゅにゅにゅにゅ～!!
にゅ――!!
いけるか!?

ぐらっ
おっ
オオオ
浮いた……？
ん!? 動いてるよな？
おお!? いかにも!
おかげさまで大成功です!
やったーっ
大人のみなさんすみませんが降りていただけますか？飛びますので
そうか……
ケガしないようにな
ではゴエモンを頼んだぞ

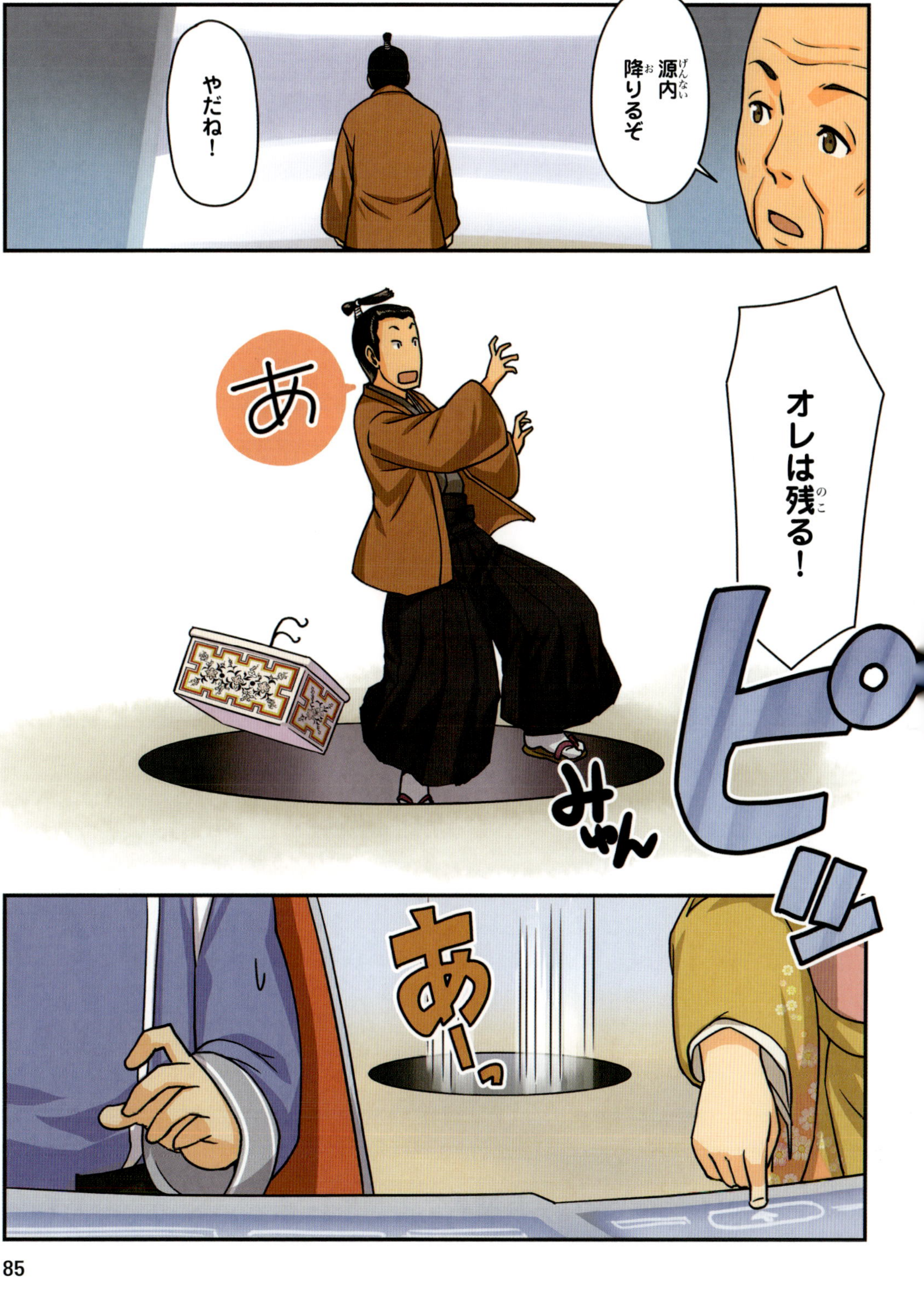
源内(げんない)降(お)りるぞ
やだね!
オレは残(のこ)る!
あ
ピッ
みゃん
あ、っ

ドドスッ!!
ぐえっ
頼む!
ぐぐっ
日本の未来が見たいんだっ!
お願いだっ!オレも連れてってくれ!!
だめです
どうして!?
おしり触るような人はおことわり!
時空警察ではできるだけ元の時空間を乱さないという規則があるんでっ!
すみません……
お…

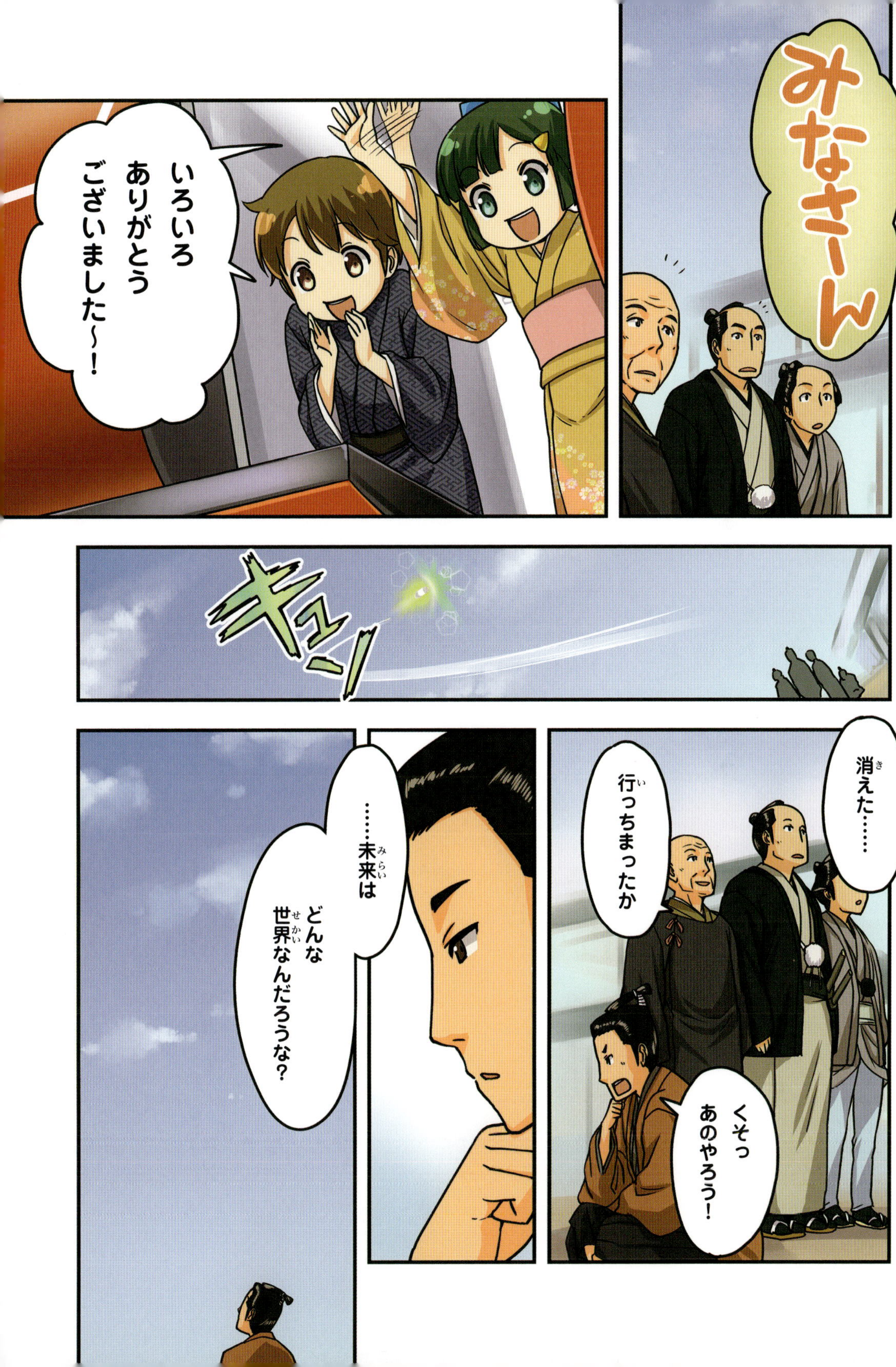
みなさ～ん
いろいろありがとうございました～!
キュン
消えた……
行っちまったか
くそっ あのやろう!
……未来は
どんな世界なんだろうな?

西洋から学べ！ 蘭学の発展

①西洋の学問はオランダから

江戸時代、ヨーロッパ（西洋）の学問を蘭学（洋学）といいました。蘭とはオランダのことです。江戸時代はキリスト教が禁止され、外国との交流は制限されました。

しかし、オランダはキリスト教を広めないと約束したので、長崎の出島でのみ、交流が認められました。西洋文化はオランダから入ってきたのです。

②蘭学を盛んにした徳川吉宗

8代将軍の徳川吉宗は、キリスト教に関係ない西洋の書物にかぎり、輸入を認めました。これにより西洋の学問を採り入れようとする人たちが増え、蘭学がたいへん盛んになりました。

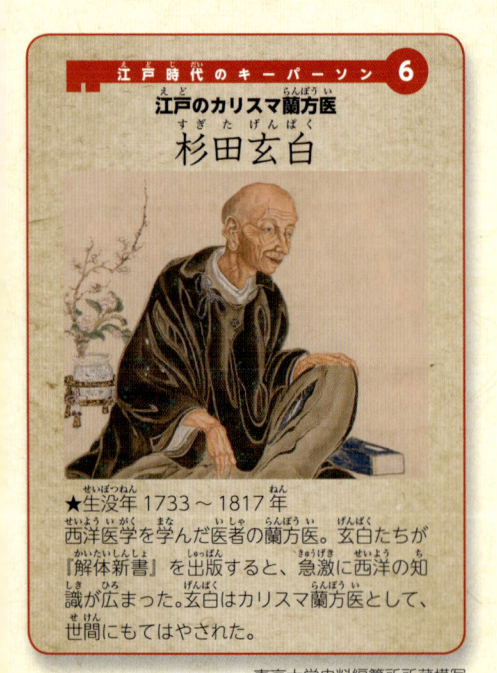

江戸のオランダ「長崎屋」
出島のオランダ商館長は、年に1度、江戸に出て「長崎屋」で過ごした。この時、たくさんの知識人がここに通った

葛飾北斎画「画本東都遊」
国立国会図書館蔵

③杉田玄白と『解体新書』

杉田玄白は、西洋の人体解剖書『ターヘル・アナトミア』を見て、東洋の医学とはまったく違うことに衝撃を受けました。そして、仲間とオランダ語で書かれたその本の翻訳に挑みます。まず、アルファベットを覚えるところからはじめなくてはなりませんでした。

そして4年の歳月をかけ、たいへんな苦労のすえに翻訳は完成し、1774（安永3）年、仲間と『解体新書』を出版しました。

江戸時代のキーパーソン 6

江戸のカリスマ蘭方医

杉田玄白

★生没年 1733～1817年
西洋医学を学んだ医者の蘭方医。玄白たちが『解体新書』を出版すると、急激に西洋の知識が広まった。玄白はカリスマ蘭方医として、世間にもてはやされた。

東京大学史料編纂所所蔵模写

④平賀源内とエレキテル

平賀源内はさまざまな分野で才能を発揮した人物で、杉田玄白とは大親友でした。

人形浄瑠璃の台本を書き、源内焼という陶磁器を故郷の陶工につくらせ、燃えない布・火浣布を発明。また、全国から薬の材料となる植物や動物を集めて「薬品会」（物産会）を開くなどして活躍しました。

特に有名なのが、1776（安永5）年、エレキテルの復元に成功し、見世物としても大人気となったことです。これで江戸の大スターになりました。

江戸時代のキーパーソン 7

江戸のマルチクリエーター

平賀源内

★生没年 1728～1780年

讃岐国（香川県）の下級武士の出身。長崎で西洋文化に出合い、江戸に出て活躍した。しかし晩年、自宅で誤って人を殺してしまい、獄中で病死した。

東京大学史料編纂所所蔵模写

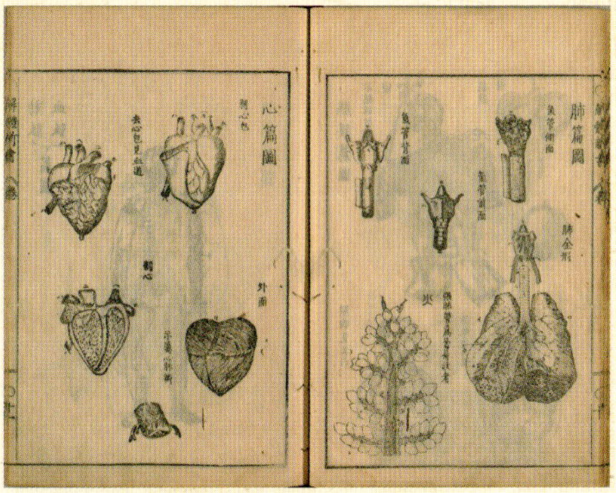

『解体新書』

『解体新書』の図版は、平賀源内の弟子で洋画を学んだ小田野直武が描いた

国立国会図書館蔵

源内が復元したエレキテル

源内は復元に成功しただけでなく、自分でも15台のエレキテルを製作した

郵政博物館蔵

肺と心臓だ……とてもくわしく描かれているね

6章
売れっ子絵師!? 葛飾北斎

到着～
ブゥゥゥン
とりあえず50年ほど飛んでみたが
町の感じはさっきとあんまり変わってね～な

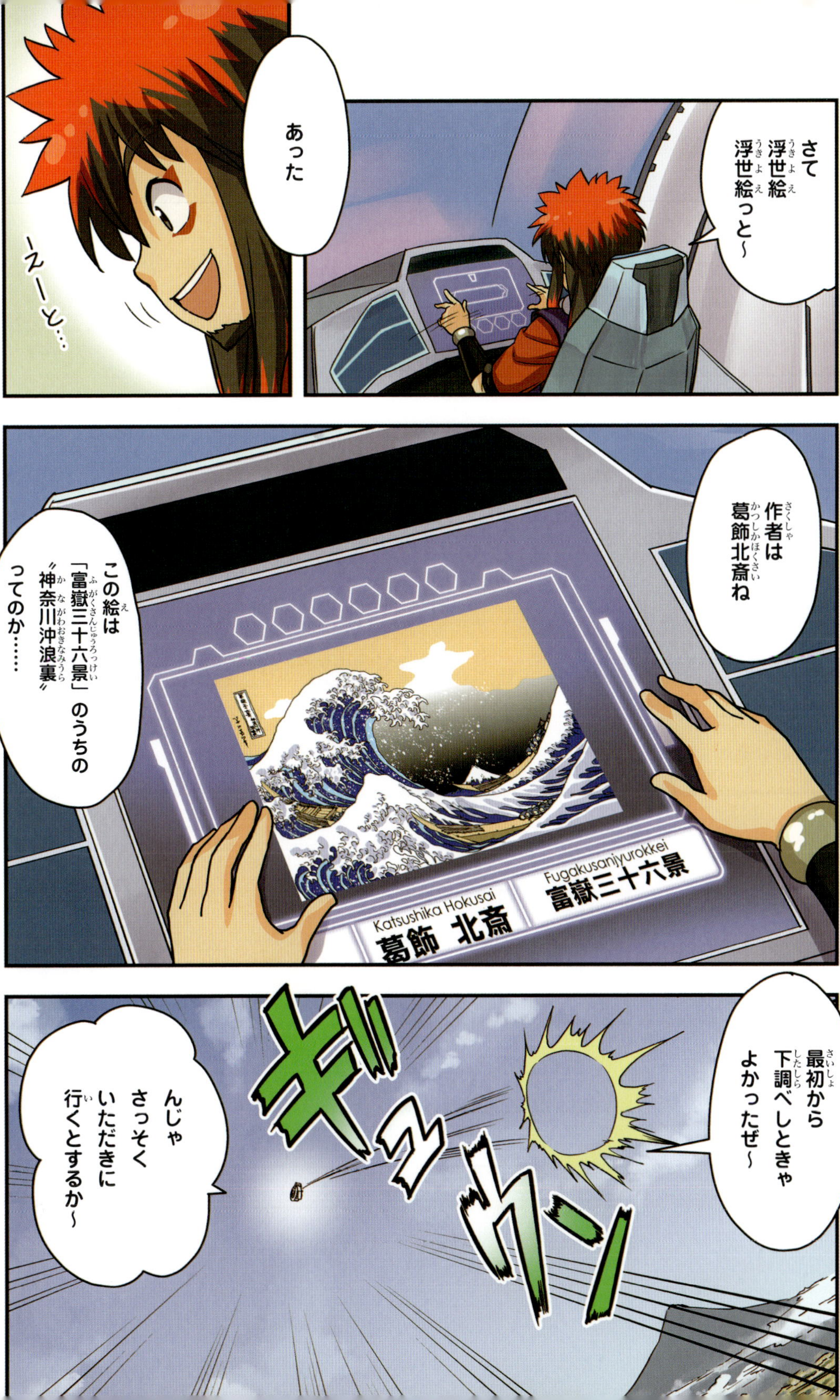
さて
浮世絵
浮世絵っと～
あった
えーと…
作者は
葛飾北斎ね
この絵は
「富嶽三十六景」のうちの
〝神奈川沖浪裏〟
ってのか……
Fugakusanjyurokkei
富嶽三十六景
Katsushika Hokusai
葛飾 北斎
最初から
下調べしときゃ
よかったぜ～
ギュウン
んじゃ
さっそく
いただきに
行くとするか～

このへん
なんだが……
あったあった
よっと
スタッ
なんだか
きたねえ家だな
うわ
ゴミだらけ
じゃねーか
ほんとに
ここなのか？
そぉ～
ほ～……
すごい絵だ！

もあっ
ふご？
うっくせぇ…
あ〜〜ん？
あんだ
おめえ
かつしかほくさい
葛飾北斎
オ……
オレは大泥棒・
ゴエモンだ！
こいつほんとうに
ホクサイか？
あんたの絵を
いただきにきた！
ポッ
ほう……
わしの絵が
ほしいのか……
パサッ
ほら
持っていけ

おいおい
大事な絵を
投げんなよっ
まったく…
ん？
ていやーっ！
いててて
バタバタ
なんだよ
いきなりっ！

泥棒をぶったたいて何が悪いっ!
北斎の娘・阿栄
泥棒なんかしてねーよ
あいつが持ってけって言ったんだぜ
あ～ん?
ずい
いいのかい?おとっつぁん
かまわねえよ

ついでに阿栄(おえい)
そこいらのやつも持(も)ってってもらえ
だとさ ぱっぱと拾(ひろ)っとくれ
やった～！
おお！あった！
これ！この絵(え)だよ！“波(なみ)がざぶ～ん”
これもいいのかい？
しーん
ささっ
持(も)っていきな
よいしょ
はいよ これもどうぞ！
ドサッ
おお！すげーな宝(たから)の山(やま)じゃねーか！

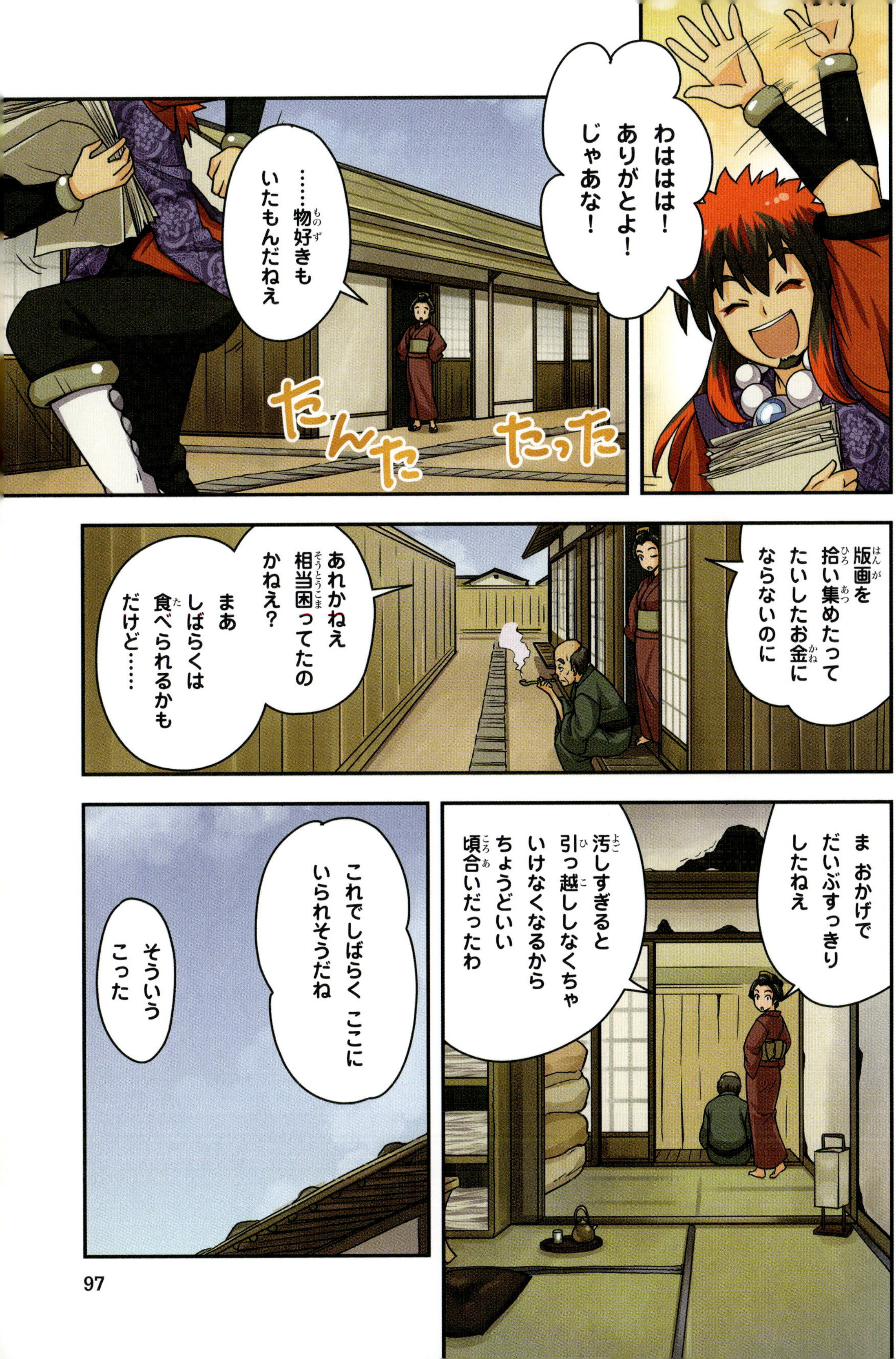
わははは！
ありがとよ！
じゃあな！
……物好きもいたもんだねえ
たんた　たった
版画を拾い集めたってたいしたお金にならないのに
あれかねえ 相当困ってたのかねえ？
まあ しばらくは食べられるかもだけど……
ま おかげでだいぶすっきりしたねえ
汚しすぎると引っ越ししなくちゃいけなくなるからちょうどいい頃合いだったわ
これでしばらく ここにいられそうだね
そういうこった

キューーン
ゴエモンの狙いは北斎の〝神奈川沖浪裏〟
とすれば1830年頃に飛んだはずですが……
ゴゴン
キャッ!
何?この揺れ!?

動作が不安定です……
電気ショックが足りなかった……？
無事に着きますか!?
ちょっと待ってくださいね
ビー
ビー
この音は……
ゴゴン
えーと……
ゴゴン
みなさんつかまってくださーーい!
グル
グル
いや〜っ!!
グル
グル
目がまわる〜!!

たくさん
お宝が集まったぞ！
キラ
さっさと
未来に……
ゴゴゴゴゴゴ
あ？
あ……
ドン
あーーっ!!

いたたた
なんとか助かった?
うまいこと何かがクッションになってくれたようですね……
ピョン
あれ……?
これって……
わたしのタイムマシンがーーっ!!
あーー…!!
ぐしゃ…

完！全！に！
つぶれてる……
みたいですね……
なんだなんだ
あ でもほら ちゃんとゴエモンを追ってこられたってことよね！
ついでに逃げる足もつぶした
ピクッ
ちょっと状況を整理しましょ
ゴエモンのもとにはたどりつけた
しかしタイムマシンはどっちも動きません
なるほどそう考えるようにしましょう
おっ
たちなおった

ってことはゴエモンを捕まえても……
そうか！わたしたちも帰れないじゃん
また動かせる？
うーん
未来に帰るにはかなりの数のエレキテルで電気ショックを与える必要がありますね
20～30台ぐらいで……
ほう……
エレキテルねえ
あいつらより先にたくさん集めりゃ未来に帰れるわけだな……
よし！善は急げだ！
ピョーン
ピョン
ピョン

江戸の時間とちょんまげのひみつ

① 現代とは違う江戸時代の時間

現代のわたしたちが使っている時間は、1日が24時間、1時間が60分、1分は60秒と決まっています。けれども、江戸時代の時間は、季節によって違っていました。人々は日が昇ると動きだし、日が沈んだら休むというように、自然に合わせて暮らしていました。

江戸時代の時間のひみつ!

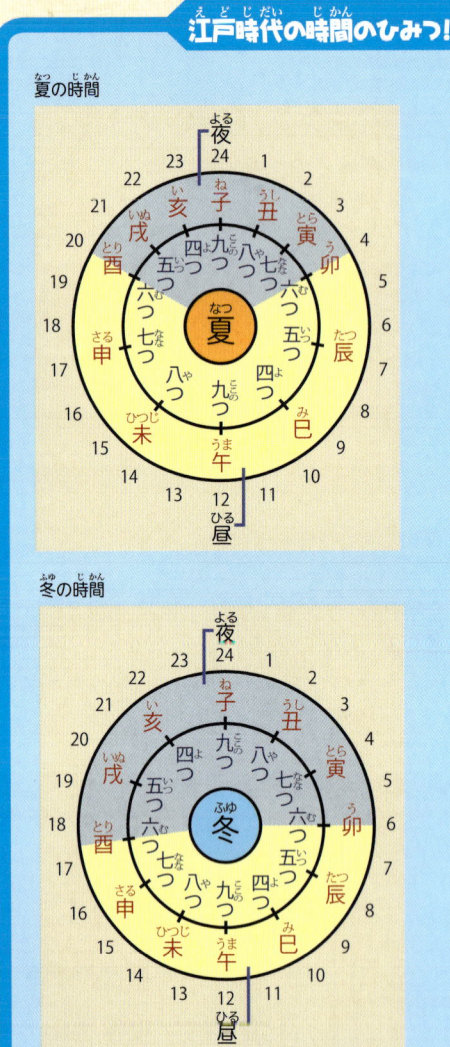

江戸時代の時間は、日の出と日の入りを基準に、昼と夜をそれぞれ6等分したものです。6等分したひとつを一刻(一時とも)といいますが、夏と冬では一刻の長さがずいぶんと変わります。一刻は「子、丑、寅、卯、辰……」と、干支を使って表す方法と、「九つ、八つ、七つ、六つ、五つ、四つ」と、数を使って表す方法とがありました。

夏の時間

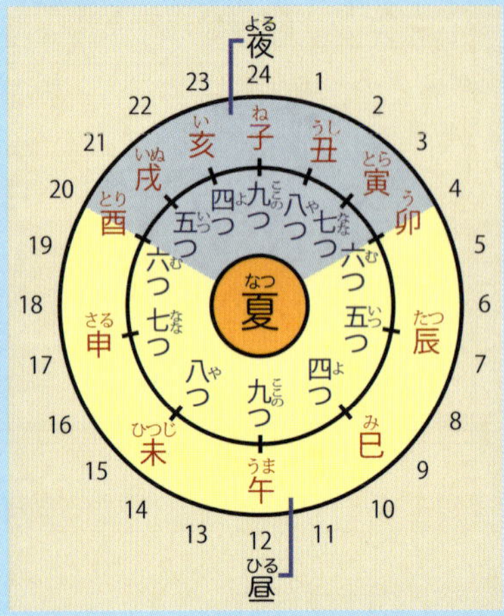

冬の時間

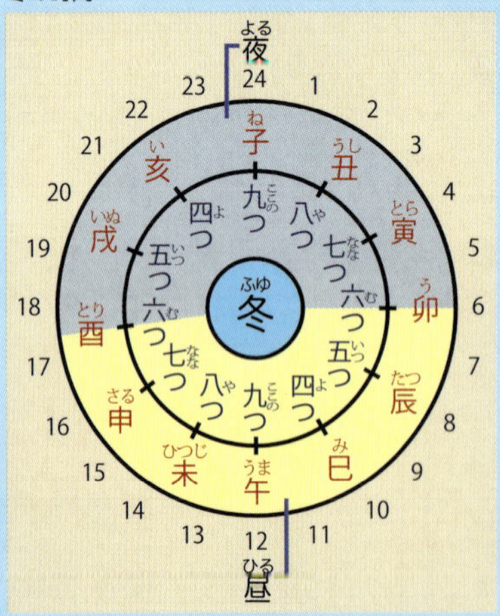

昼の12時なら「午の刻」や「昼九つ」というふうに言うよ
昼も夜も九つから減っていくのは「9」が縁起のいい数とされていたからさ

②ちょんまげは大人のあかし

江戸時代の男性の髪形といえば、ちょんまげ。本来、ちょんまげとは「小さいまげ」のことをいいます。江戸時代の男子は15、16歳になると前髪をそり落として、まげを結いました。これが大人のあかしです。まげの形で自分の個性を出しました。

子どもの髪形のひみつ!

子どもは成長に合わせて髪形を変えていました。これは7、8歳頃の髪形です。

男子
てっぺんをそり、後ろ髪をのばして結う

女子
前髪をのばして、立てて結う。耳の上の髪と後ろ髪をのばす

いろいろなちょんまげ

男まげ
代表的な男性のまげ。2つ折りの形

朗君風
まげが太い。大名の息子がよくしていた

茶筅まげ
まげを立たせる。茶道具の茶筅に似ていることからの呼び名

三つ折り返し
小さいまげ。いわゆるちょんまげ

辰松風
まげの先をとがらせる。辰松八郎兵衛という人がはじめたという

バチびん
耳の上の髪が三味線のバチのような形

大銀杏
毛先を大きく広げる。今のお相撲さんの髪形の原形

糸びん
耳の上の髪を細く残している

7章

トキオが浮世絵の師匠!?

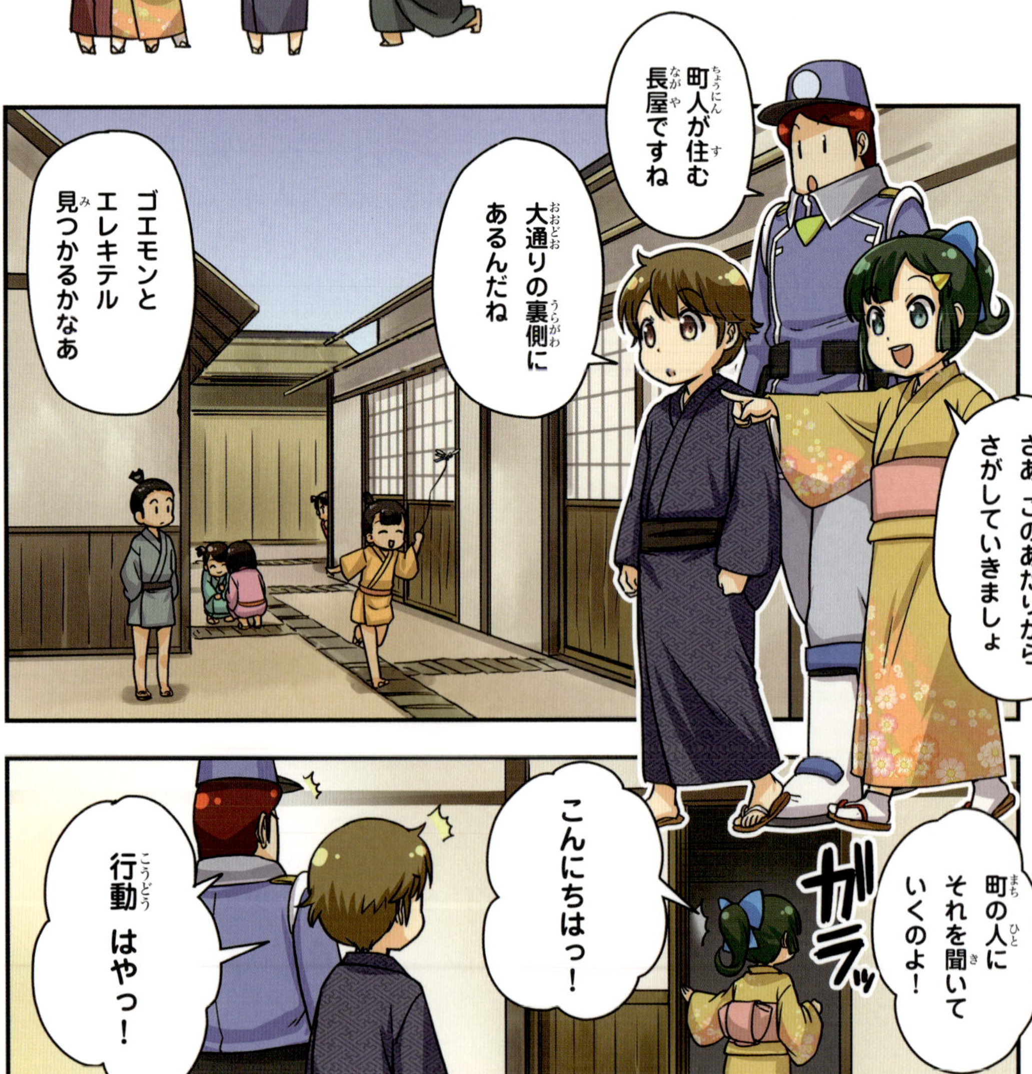
町人が住む長屋ですね
さあ このあたりから さがしていきましょ
大通りの裏側にあるんだね
ゴエモンとエレキテル見つかるかなぁ
町の人にそれを聞いていくのよ！
ガラッ
こんにちはっ！
行動 はやっ！

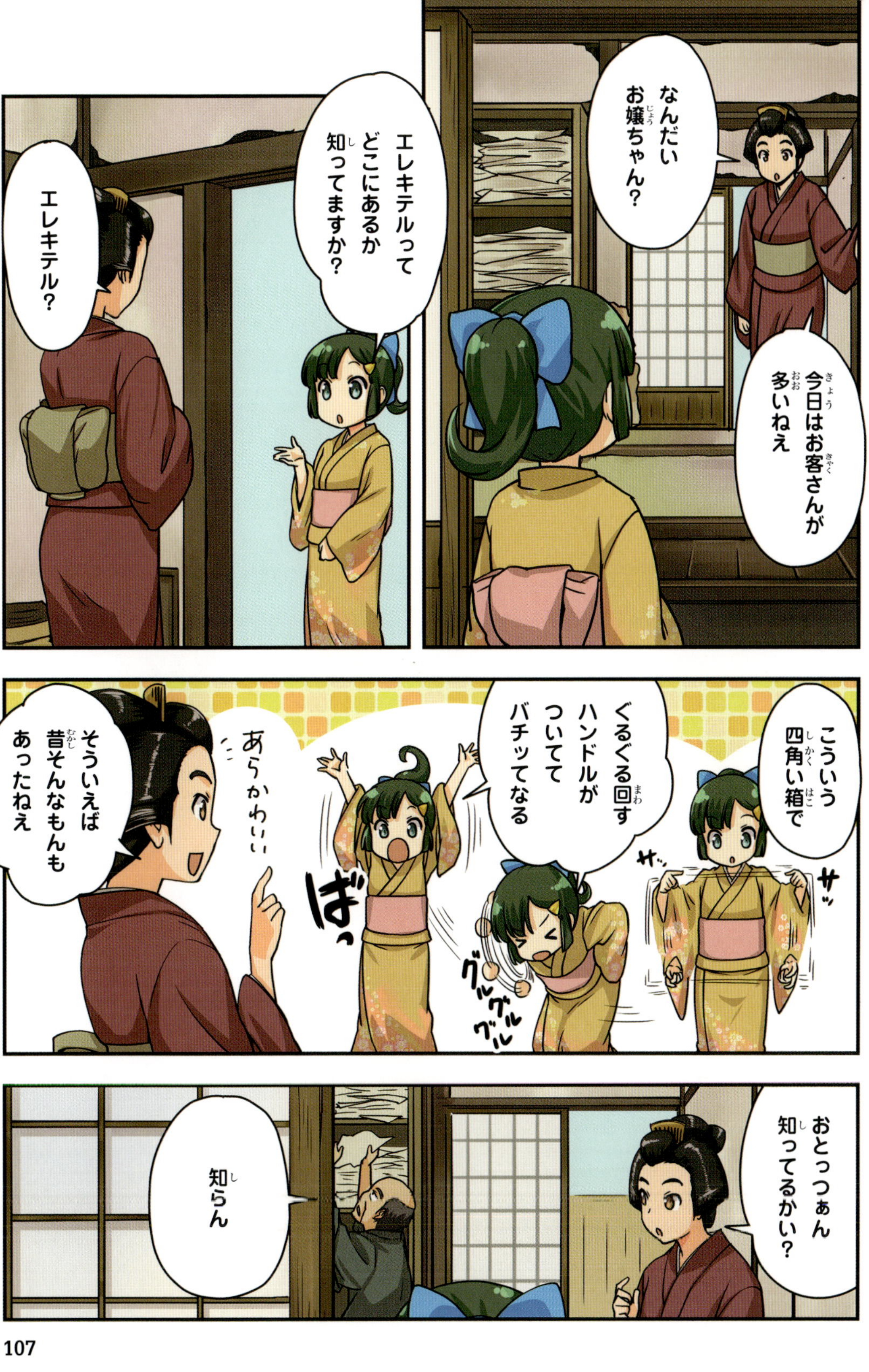

なんだい お嬢ちゃん?
今日はお客さんが 多いねえ
エレキテルって どこにあるか 知ってますか?
エレキテル?
こういう 四角い箱で
サッ
サッ
ぐるぐる回す ハンドルが ついてて バチッてなる
グルグルグル
ばっ
あらかわいい
そういえば 昔そんなもんも あったねえ
おとっつぁん 知ってるかい?
知らん

じゃあ この男を見なかった?
人相書
泥棒 五右衛門
さっ
ああ ついさっきまでいたよ
ふぁ〜
えーーっ!!
部屋中に散らかってた版画をうれしそうに拾って出ていったよ
ふ…
ん……?
おい!
ガバッ
その手配書ちょっと見せてくれ!
ズダダッ
はいっ!

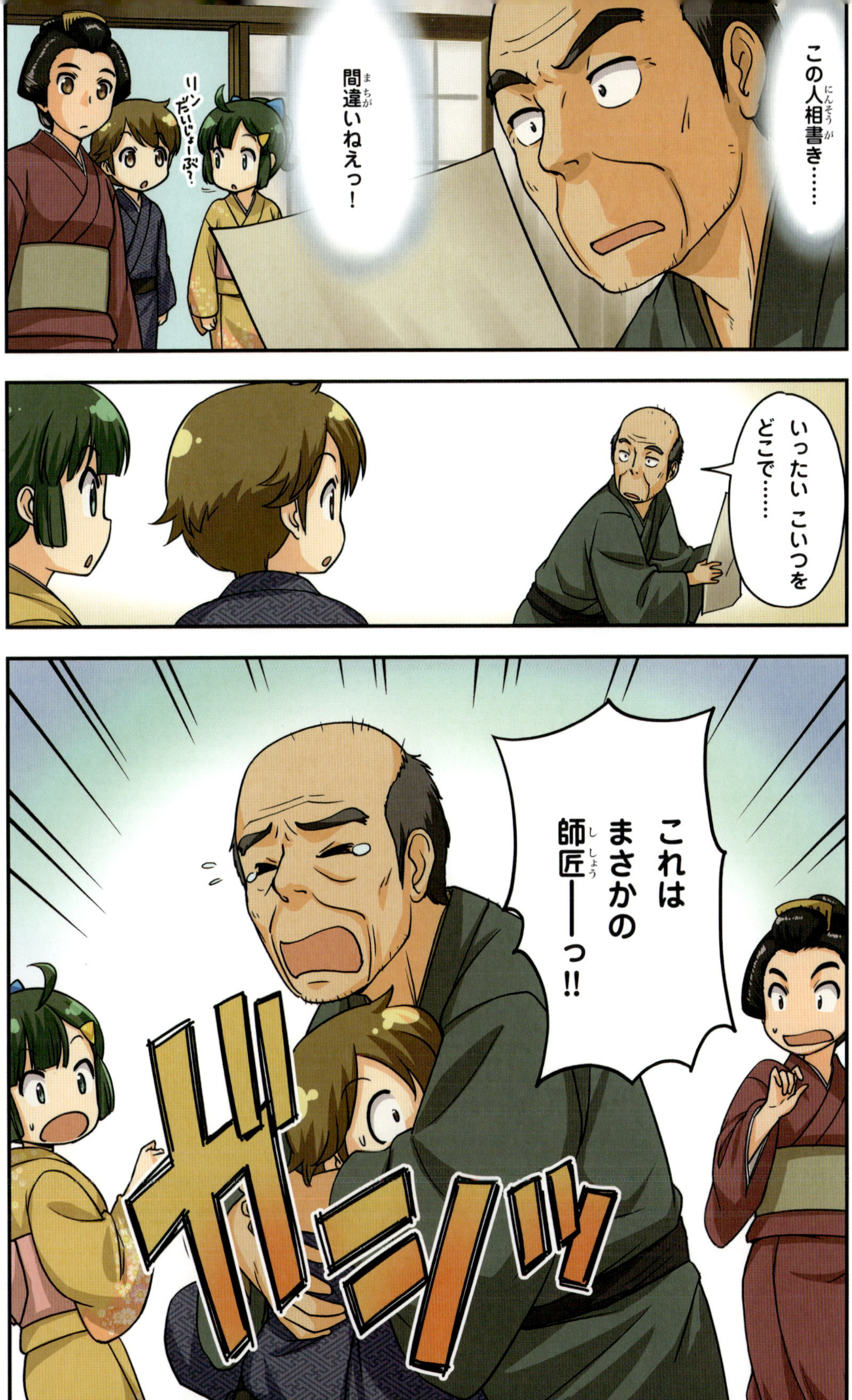

この人相書き……
間違いねえっ!
リン だいじょーぶ?
いったい こいつを どこで……
これは まさかの 師匠――っ!!
ガシッ

なぜ まだ
子どものままなのか
わかりませんが……
また
会えるとは!
ギュー
う……
息が……
においが……
カク…
ダメだ……
師匠?
どうなさったん
ですか!?
師匠ーーっ!!
においだよね
絶対……
たいへん
申し訳ない
喜びのあまり
つい……
ふかぶか
ふろに
はいってない
もんで…
いえ
もう大丈夫
ですから

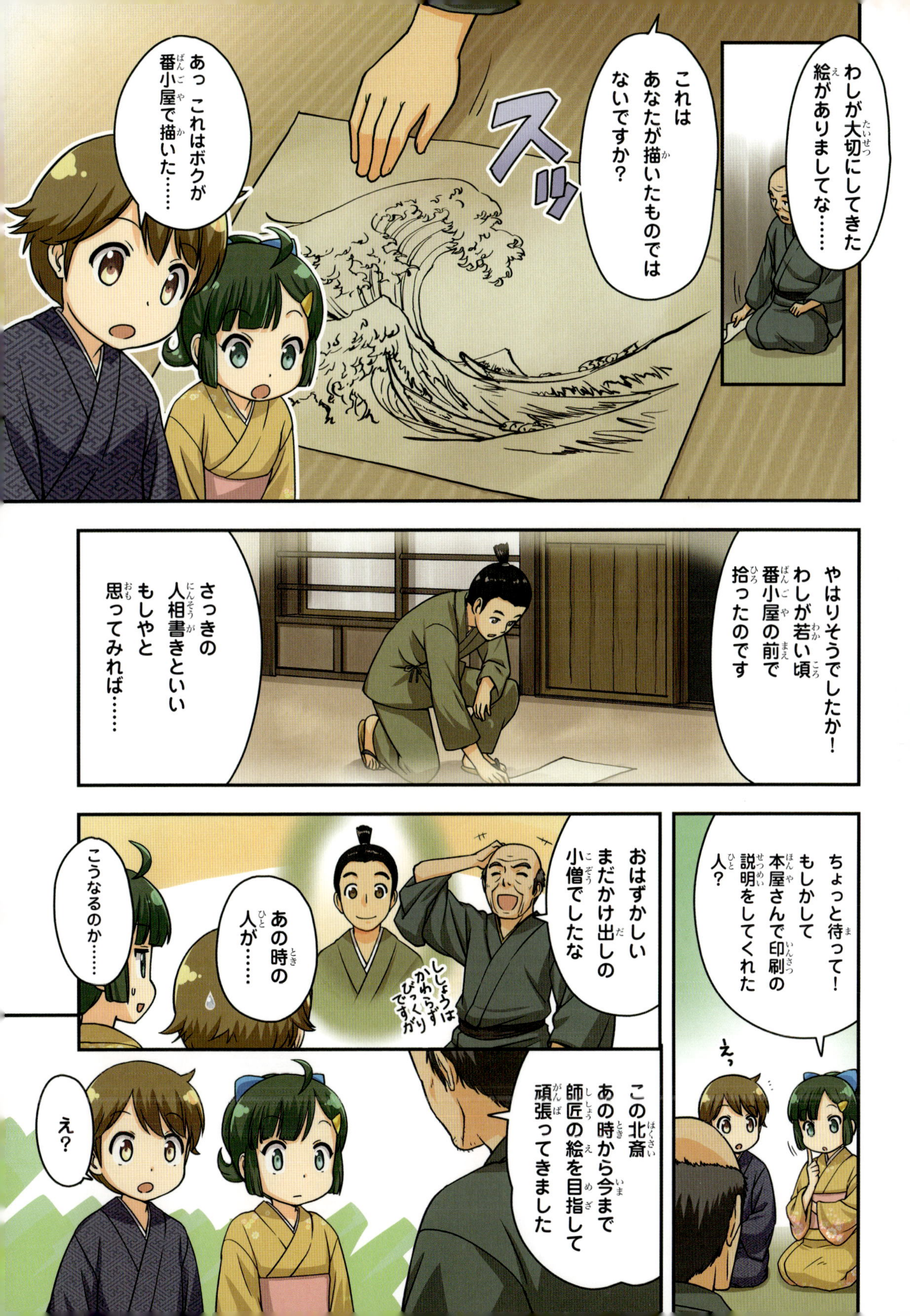
わしが大切にしてきた絵がありましてな……
これはあなたが描いたものではないですか?
スッ
あっ これはボクが番小屋で描いた……
やはりそうでしたか! わしが若い頃番小屋の前で拾ったのです
さっきの人相書きといいもしやと思ってみれば……
ちょっと待って! もしかして本屋さんで印刷の説明をしてくれた人?
えっ
おはずかしい まだかけ出しの小僧でしたな
ししょうはかわらずびっくりですが
あの時の人が……
こうなるのか……
この北斎 あの時から今まで師匠の絵を目指して頑張ってきました
え?

え？
葛飾北斎さん？
いかにも
わしは北斎ですが
ばっ
ぱあっ
なんかイメージが…
ささっ
師匠！
どうか わしに
このような絵の描き方を
教えてください！
や……やめてください！
この絵
もともとは北斎さんの
絵なんですよ！
何をおっしゃる
師匠！
わしはこの絵を
写しただけですぞ
いやだから
トキオですっ
やめて
ください
ややこしい
ことになってる……
時間旅行の
問題点みたいな
やつです……
いえいえ
ししょうは
ししょーうです～

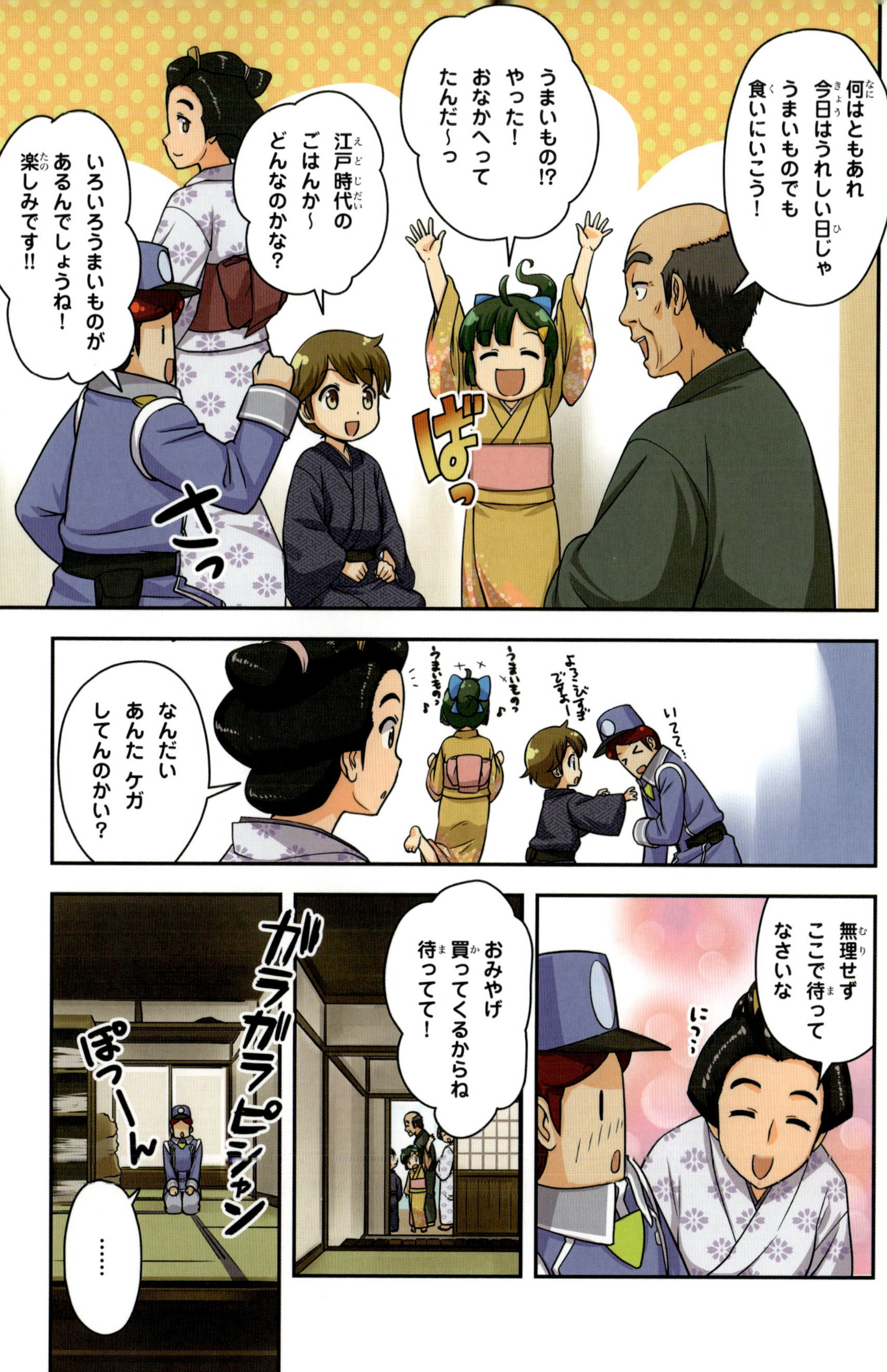
何はともあれ今日はうれしい日じゃうまいものでも食いにいこう！
うまいもの!? やった！おなかへってたんだ～っ
江戸時代のごはんか～どんなのかな?
いろいろうまいものがあるんでしょうね！楽しみです!!
ぱっ
さっ
うまいものっ♪
うまいものっ♪
いててて…
なんだい あんた ケガしてんのかい?
無理せずここで待ってなさいな
にっこ
おみやげ買ってくるからね待ってて！
ガラガラピシャン
ぽつーん
……

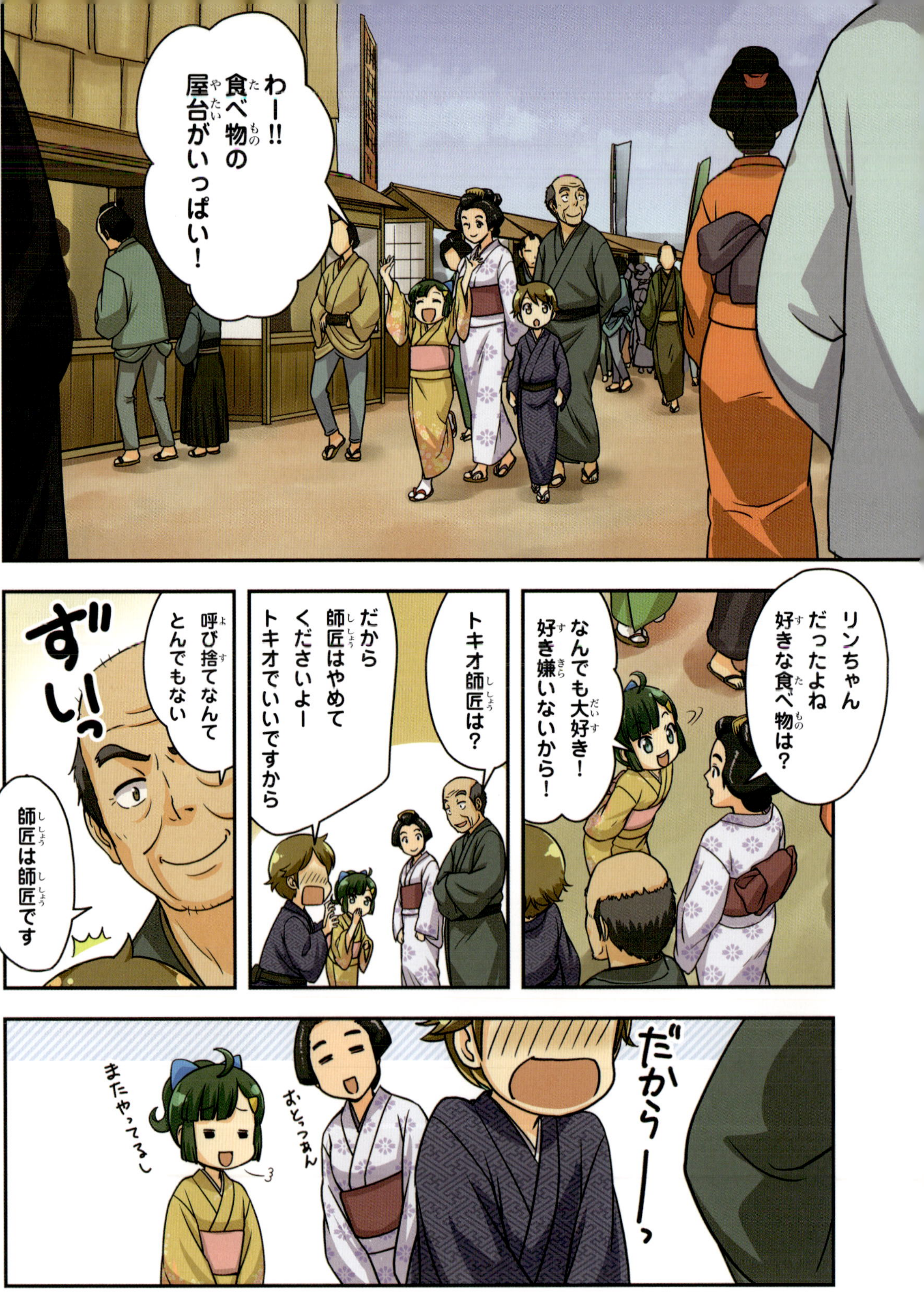
わー!!
食べ物の屋台がいっぱい!
リンちゃんだったよね好きな食べ物は?
なんでも大好き!好き嫌いないから!
トキオ師匠は?
だから師匠はやめてくださいよートキオでいいですから
ずいっ
呼び捨てなんてとんでもない
師匠は師匠です
だから〜ーっ
おとっつぁん
またやってるし

あっ てんぷらだ おいしそー!!
こっちは おそばだ~!!
二八
あっちはおすし!
ウナギも!
焼きイカだ!
すごーい! お祭りみたい!
へー ボクらがよく知ってる 食べ物は 江戸時代から あったのか……
はしったり あぶないよ
わーっ

もーっ
もー
まよっちゃうな！
どーしよう!?
江戸の町は 屋台がたくさんあるからね
わたしだって まよっちゃうわ
はっはっは
まような まような！
かたっぱしから食いまくるぞ！
だっ
ついてこられるかな？
絶対負けない！
だだっ
よ～し！最初はてんぷらだ！
江戸前だからうまいぞ～
江戸前って？
天麩羅
くださーい
あいよっ
江戸の海でとれたものってことさ
ネタは新鮮！
あいよ！お待ちどう！
揚げたてだ
んー
おいしーい！

次はおすし行こ！
うわ！でっか！
おにぎりみたい
でーん
昔のおすしってシャリが赤いんだね
すし
赤酢の色さどうだい味は？
もぐもぐ
ちょーおいしい！

あ〜!
もぐ
たくさん食べられてしあわせ〜!
江戸のごはんってボクの好きなものばっかりだ!
師匠 じつに楽しいですな!
はい! こんなにいっぱいおいしいものがあってびっくりしました
江戸は将軍様のおひざ元だからね 全国からいろんなものが集まってくるの
おいしい食べ物もたくさん

じゃあ
エレキテルもあるよね
きっと
エレキテル……
そうじゃなあ
どこかの店か
武家屋敷か……
探せるところは
全部探そう
よ～し！
ぱっ
おなかも
いっぱいだ！
探すぞ～！
出てこい
エレキテル！

花のお江戸は大にぎわい！

江戸の町は楽しさいっぱい！

江戸の大通りは、大小さまざまな店が立ち並び、たいへんなにぎわいでした。町人たちは芝居や見世物小屋見物で楽しみ、お風呂や居酒屋で語り合いました。また、月見や花火などの楽しい行事もありました。浮世絵から当時の江戸のにぎわいを見てみましょう。

←多くの店が立ち並ぶ大通り

江戸は人が多いから たくさんの商売や 職業があって 仕事に困ることは ないぞ

←屋台がたくさん。月見の行事

歌川広重画「東都名所高輪廿六夜待遊興之図」江戸東京博物館蔵
Image：東京都歴史文化財団イメージアーカイブ

「熙代勝覧」から　ベルリン・国立アジア美術館蔵
Photo AMF/DNPartcom/©bpk/Museum für Asiatische Kunst,SMB/Jürgen Liepe

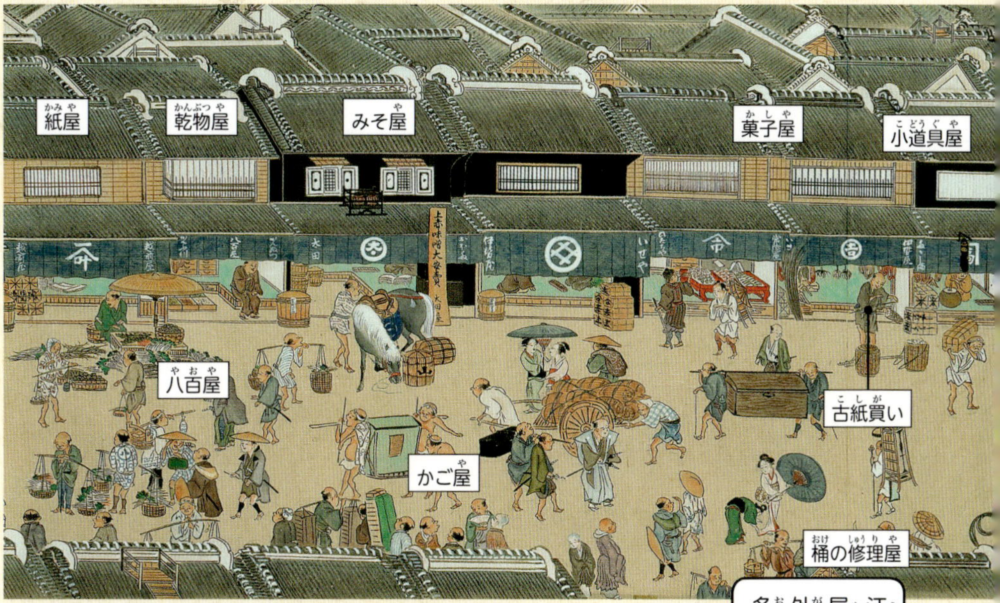

江戸の人は屋台で外食することが多いんだって！

←屋形船や橋から見物。花火大会

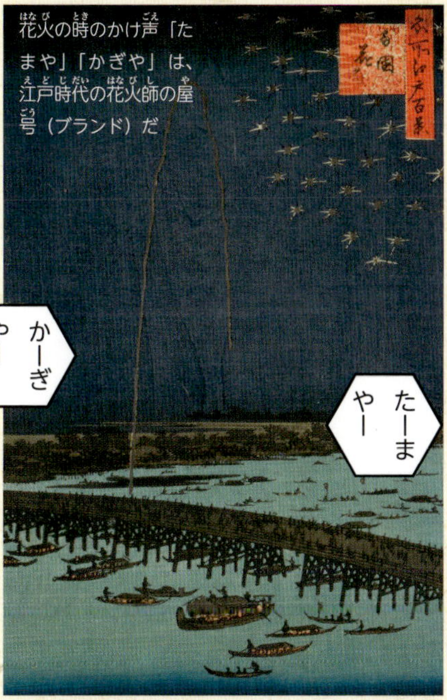

花火の時のかけ声「たまや」「かぎや」は、江戸時代の花火師の屋号（ブランド）だ
たーまやー
かーぎやー

歌川広重画「名所江戸百景 両国花火」国立国会図書館蔵

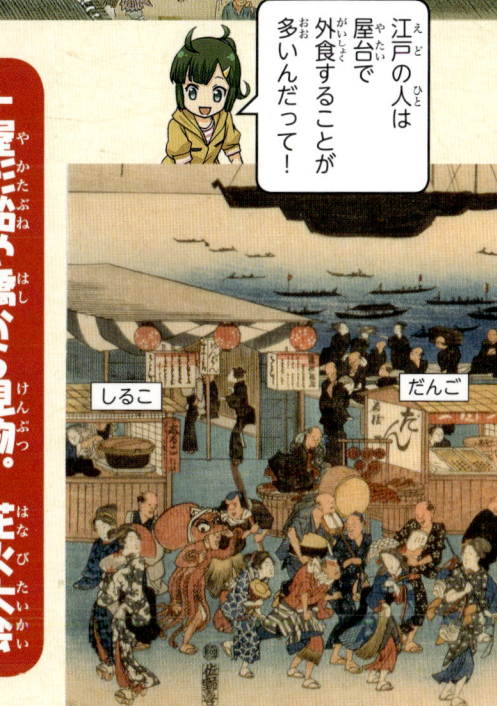

8章 自分の力でお金をかせげ！

せともの屋さん
かさ屋さん
服屋さん
古着屋さんじゃな
庶民は新しい服なんかなかなか買えんから古着を買うんじゃ
それでどこに行くの?
ああ阿栄が言うには……

この先に古道具屋さんがあるからそこを見てみたら?
江戸の人はものを大切にするからきっとあるはずよ
わたしはちょっと用事があるからまたね〜
という……
金魚屋さんだ!
きんぎょ〜 えー きんぎょ〜〜
みせて〜
ひゅん
おっ!
どうやらここのようじゃ
古道具
リンちゃんはうちの阿栄より自由ですなあ
ええ……
おー、

じゃまするよ
ごちゃごちゃしたお店ね……
いらっしゃい
何かお探しで?
ぬん
エ……エレキテルありますか!?
ほう……
なつかしいものをお探しですな
あるのかい?
しばしお待ちを
ゴソ ゴソ
なんかこわい……

こちらですな
コト
おお!
いくらだい?
1両です
ずん
1両!? 高すぎる! 10文
1両です
ずずん
25文
1両です
ぬん
1両です
28文
ぬぬぬ

話にならん!
ペッ
ずん
ずん
北斎さん落ち着いて
店主もゆずらんし値段が大問題だ
たかすぎる!
1両って……
高いの? どれぐらい?
そうじゃな食べ物なら……
さっきのすしが400個ぐらいは食べられるだろうな
400こ
そんなに!
おなかパンクしちゃう!
エレキテル1個でそれだけ高いならたくさんお金がないと……
うーん…

そうだ トキオ! 絵よ!
ピコーン
え?
浮世絵を描いて 売るの 北斎さんみたいに!
おお!
それはいい! 師匠の絵なら 間違いなく ジャンジャン売れますぞ
ボクが……
浮世絵を……?
そうと決まれば 北斎さんちへゴーゴー!!
はやくはやくっ
たたっ

江戸で人気なのは
まずは美人絵でしてな
鼻筋がすーっと
通っていて
ほおはふっくら
目は細め……
はい！
～うまー～
いっぱいたべて！
こんなぐあいですな
なるほど！

鼻筋がすーっと……
さら
さら
さら
ほおはふっくら目は細め……
こうかな……
おお！すばらしいさすが師匠！
見せて見せて～
はい
さっ
あ
イインジャナイ？
ビジンカワカランケドモ……
微妙な反応やめてよ

しかし
この絵は……
写楽のようですなあ
しゃらく？
一時期
大人気だった
浮世絵師です
ある時 突然現れて
あっという間に消えたので
幻の絵師などと
いわれてましてな……
はっ！
もしや……
師匠が写楽なのでは
ないですか!?
え？
この絵を見て
確信しました！
さすが師匠
おそれいります！
ペコ
いや
違いますよ！

またまた～
隠さなくても～
いやいや…
いえいえ、
違いますって
わたわた
またやってる……
もーよくないて.
1枚でいいの？
いっぱいかせぐんだから
もっと描いて！
えー
がはは！
そうですな
でしたら
もうひとつの
人気の題材を
見にいきましょうか
行きたい！
じゃ……
留守番
してます
食べすぎて
動けないので……
おいしかった
デス
おう

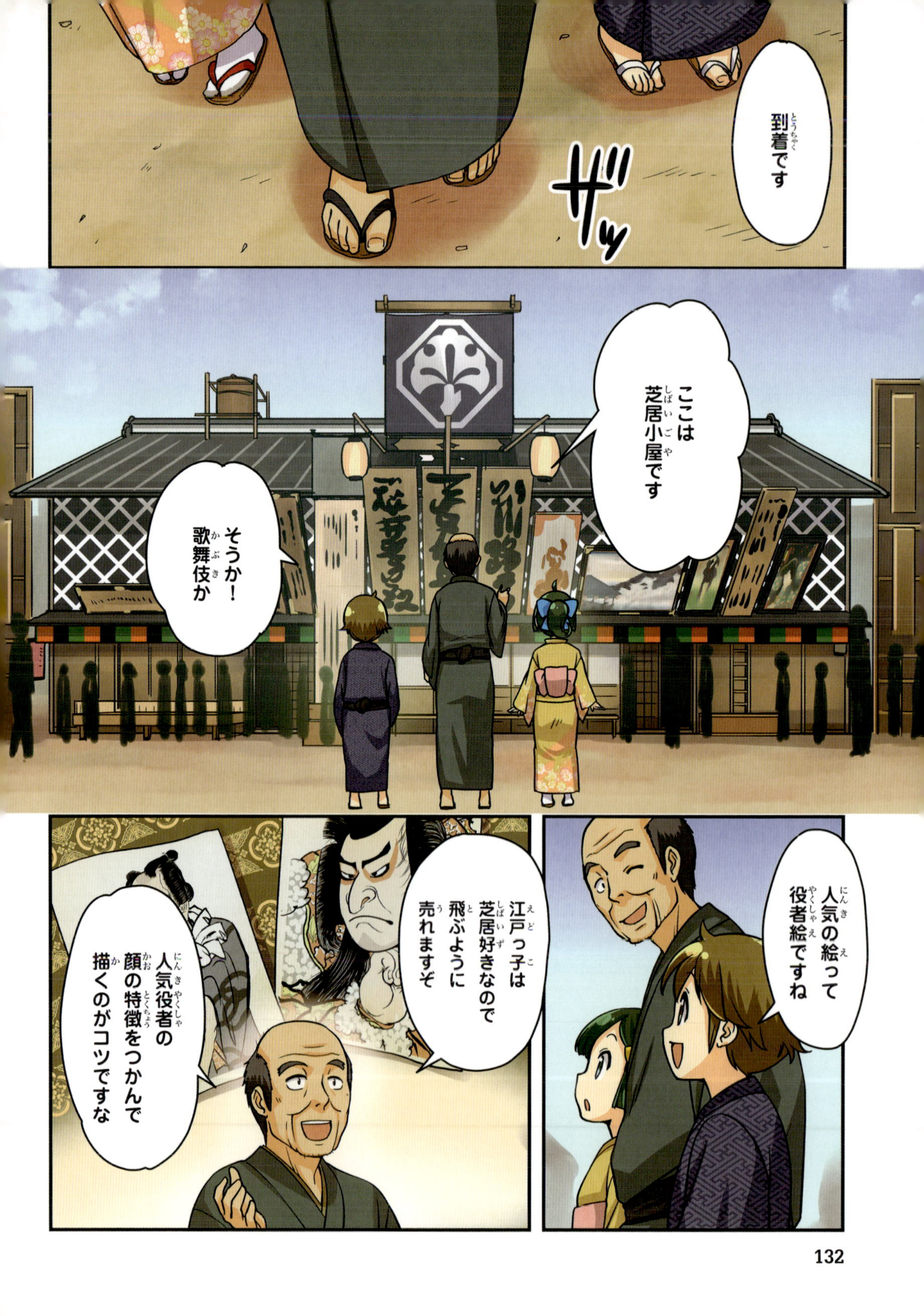
到着です
ザッ
ここは芝居小屋です
そうか！歌舞伎か
人気の絵って役者絵ですね
江戸っ子は芝居好きなので飛ぶように売れますぞ
人気役者の顔の特徴をつかんで描くのがコツですな

役者絵はおなごによく売れますのじゃ
すごいにぎわい
人気アイドルのコンサートみたい
いまもむかしもおなじね
あ！阿栄さん
あらリンちゃん
用事って歌舞伎だったの？
うふふみんなも見にきたの？
役者絵を描こうと思って勉強に
じー
なんか すごい新人が出るんですって！
はやく見にいきましょ
じー…っ
おとっつぁんもはやくはやく
おい，

チャカ
チャン
チャン
よっ!!
…!
中村屋
すごいね
いよいよ来るわよ!
五右衛門様ぁ〜!
キャー!!
今の
聞いた?

バッ
待たせたなあ おめえたち！
スタッ
天下無双の大豪傑！
ゴエモン様たあ
オレのことでえ！
あーっ!!

世界に影響を与えた日本の浮世絵

① 浮世絵とは「現代風の絵」のこと

浮世＝この世、現代という意味で、浮世絵は当時の人々や生活などを描いた「現代風の絵」のこと。主に木版画でたくさん印刷されて、多くの人たちを楽しませました。

江戸時代を代表する浮世絵師のひとりに葛飾北斎がいます。北斎の才能は浮世絵だけにとどまらず、本の挿絵などでもヒットを連発しました。現在、海外でも高い評価を受けている北斎は、世界でもっとも名前を知られる日本の画家といっていいでしょう。

② ヨーロッパの画家もまねをした？

北斎に代表される浮世絵がヨーロッパに紹介されると大ブームになり、「ジャポニスム」という芸術運動が広がりました。「ひまわり」で有名なゴッホなどの画家が、浮世絵から大きな影響を受けました。

江戸時代のキーパーソン 8

浮世絵の巨匠

葛飾北斎

★生没年 1760～1849年

富士山の四季の風景を描いた、北斎の代表作「富嶽三十六景」は、70代の頃の作品。江戸時代を代表する浮世絵師で、一生（90歳まで）絵を描き続けた。

『戯作者考補遺』（写し）から　慶応義塾図書館蔵

もの知りコラム

謎の絵師

東洲斎写楽とは？

東洲斎写楽は、一気に28枚にもおよぶ豪華な役者絵を出してデビューしました。そしてわずか10カ月の間に計140点以上もの作品を発表し、突然姿を消してしまいました。阿波国（徳島県）の斎藤十郎兵衛という人物だとする説が有力ですが、正体は謎に包まれています。

東洲斎写楽の浮世絵

「三代目瀬川菊之丞の田辺文蔵妻おしづ」

山口県立萩美術館・浦上記念館蔵

浮世絵1枚はかけそば1杯と同じぐらいの値段だったって
今でいうポスターみたいなものなんだね

浮世絵はこうしてつくる

浮世絵は、まず版元（出版社）がどんなものにするか企画を立て、絵を描く絵師、絵を版木に彫る彫師、色を刷る摺師との共同作業でつくられます。版元、絵師、彫師、摺師のチームワークが大切でした。

絵師が下絵を描く

下絵をもとに
彫師が版木に彫る

彫師が墨１色で何枚か刷る

刷られたものに、絵師が色をつけていく（１色につき１枚）

絵師の
色指定をもとに、
彫師が色別の版木をつくる

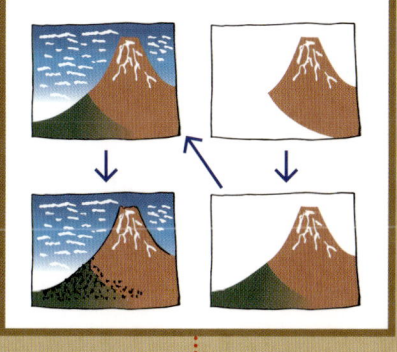

色別の版木に染料を塗って、摺師がどんどん色を重ねて刷っていく

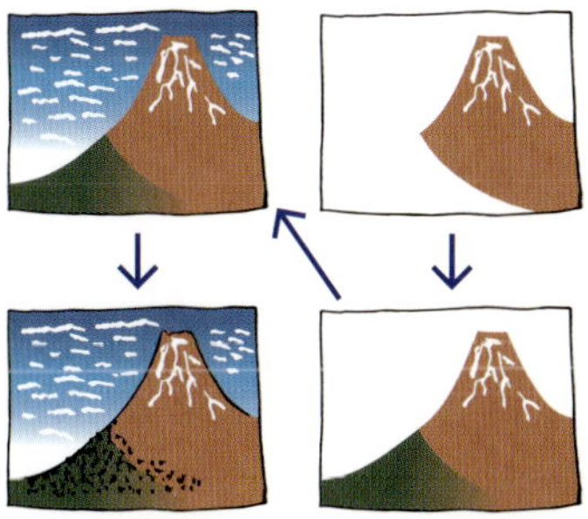

みんなで確認して細かな点を調整する

完成！

9章
ゴエモンが泥棒をやめた!?

歌舞伎は江戸いちばんの娯楽だぜ！

キャー!!
五右衛門様ぁ〜〜!!
なんでゴエモンがここに!?
あの男役者だったのかい？

チョン
チョン
チョン
チョン……
これにて第一幕おしまい～！
チョン
スッ
トキオ行こう！
え？どこに？
もちろんゴエモンを逮捕するのよ！
チャキッ
すみませーん！
通してくださーい！
たっ
たたっ

あそこが楽屋ね！
ちょいと待ちな！
ひょい
ひょい
ここから先は入っちゃいけないよ！
ボクたちあやしい者じゃないんです！
ゴエモンに用事があるの通して！
だめだだめだ！

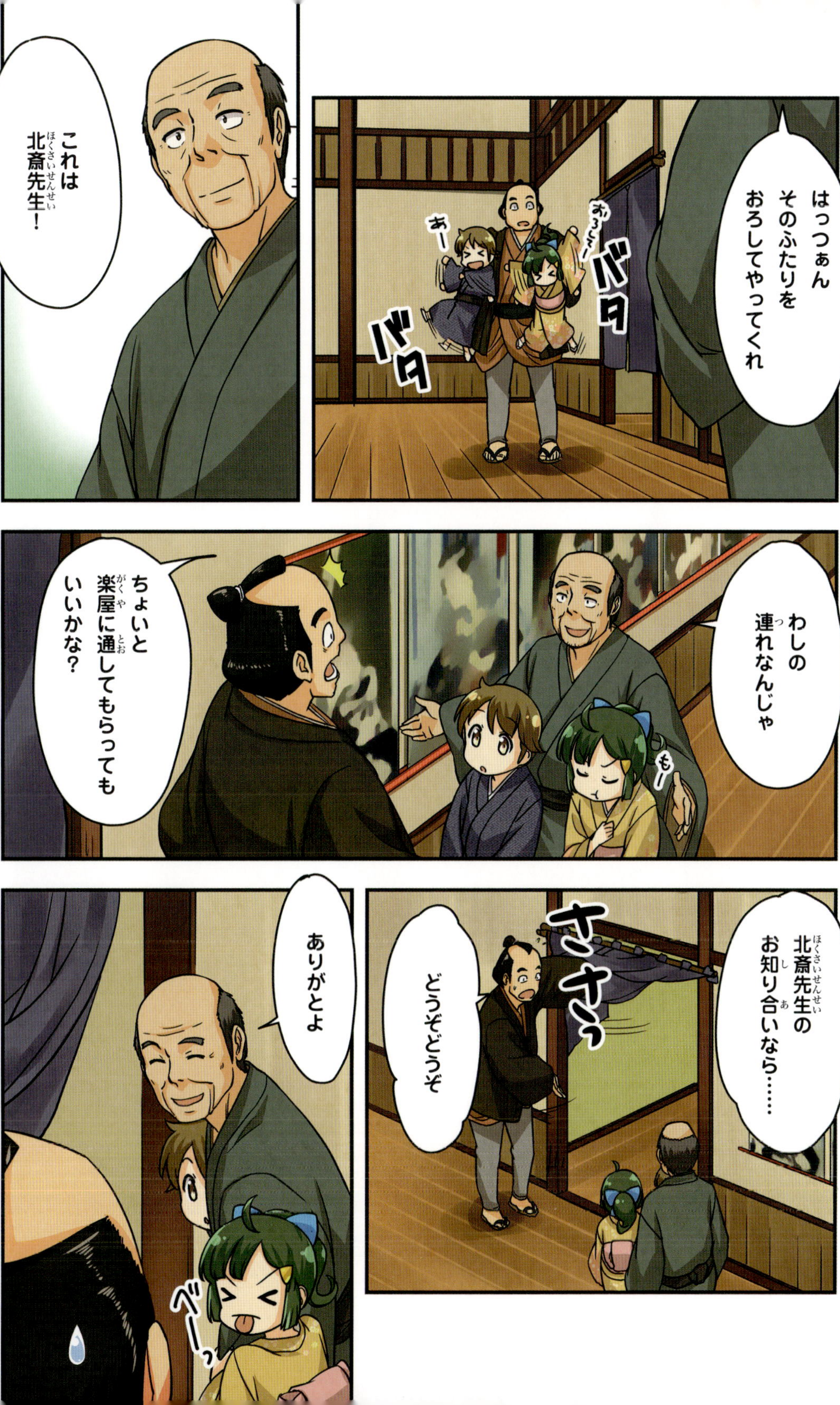

はっつぁん そのふたりを おろしてやってくれ
おろしてー
バタ
バタ
あー
これは北斎先生！
わしの連れなんじゃ
もー
ちょいと楽屋に通してもらってもいいかな？
北斎先生のお知り合いなら……
ささっ
どうぞどうぞ
ありがとよ
べーっ

北斎さん
さすが有名人ですね
なあに
たまたま
知り合いがいた
だけじゃよ
ばっ
は〜！
今日も
大盛況だったな！
げ！
おまえら!!
ゴエモン！
逮捕しにきたわよ！
ちょ……
ちょい待て！
話を聞いてくれ

問答無用！
ポン
まあ 聞いてみよう
何を言うのか
面白そうじゃし
スッ
ふー…
ありがとよ……
どうして
歌舞伎の舞台に
出てるんです？
ああ
話せば長くなるが……
マシンを
動かすために
エレキテルを探して
ここに入ってな……
チャキッ
あれば盗もうと
思ったわけね！
待て待て！
話を聞くって
言っただろ！

……で まあ
ごそごそと
やってたわけよ
天下の大泥棒・
ゴエモン様にかかれば
エレキテル集めなど
楽勝だぜ
ポイッ
ポスッ
さっき行った
屋敷にも
あったしな
ゴツ
ゴン
ガタッ
こんだけでかい
建物だったら 何台
あってもおかしくねえ
おい
おまえさん
何やってんだい?
やべ!
みつかった…
こうなったら
逃げるが
勝ち……
ガッ
あ……
急げ!
出番だろ
早くしな!
へ?

なんだい その
背中のもんは
あ……
いや
おろして
こっち来な!
新人かい?
そこ立って
よし
行ってきな!
わ!
わっ……
わっ!
ばっ

ワッ
キャーッ
すてき〜
かっこいいっ
ハッハッハッ
……てことで
あれよあれよと
人気者になったと
いうわけだ！

へぇ～～～
やっぱり あれだな 運命っつーか
秘められた タレント性っつーか
天性のものは 隠せねえもんだなあ
なあ おぬし
へっ!! 今や江戸いちばんの 人気者だぜ!
じゃあ 泥棒は やめたのかい?
盗みなんかやってる ひまねえよ

だから 決めたんだ
オレは江戸で暮らしていく
え? 未来に帰らないの?
帰ったって また泥棒に戻るだけさ
それなら オレはこの時代で まともに生きてえ
なるほど それもまた おぬしの道よ
ああ
てことで 娘

そこのエレキテル持っていけオレには必要ない
捕まえなくてよかったのかい？
……うん
ポン
師匠帰ったら五右衛門の役者絵を描きましょう
かっこよく
はい！

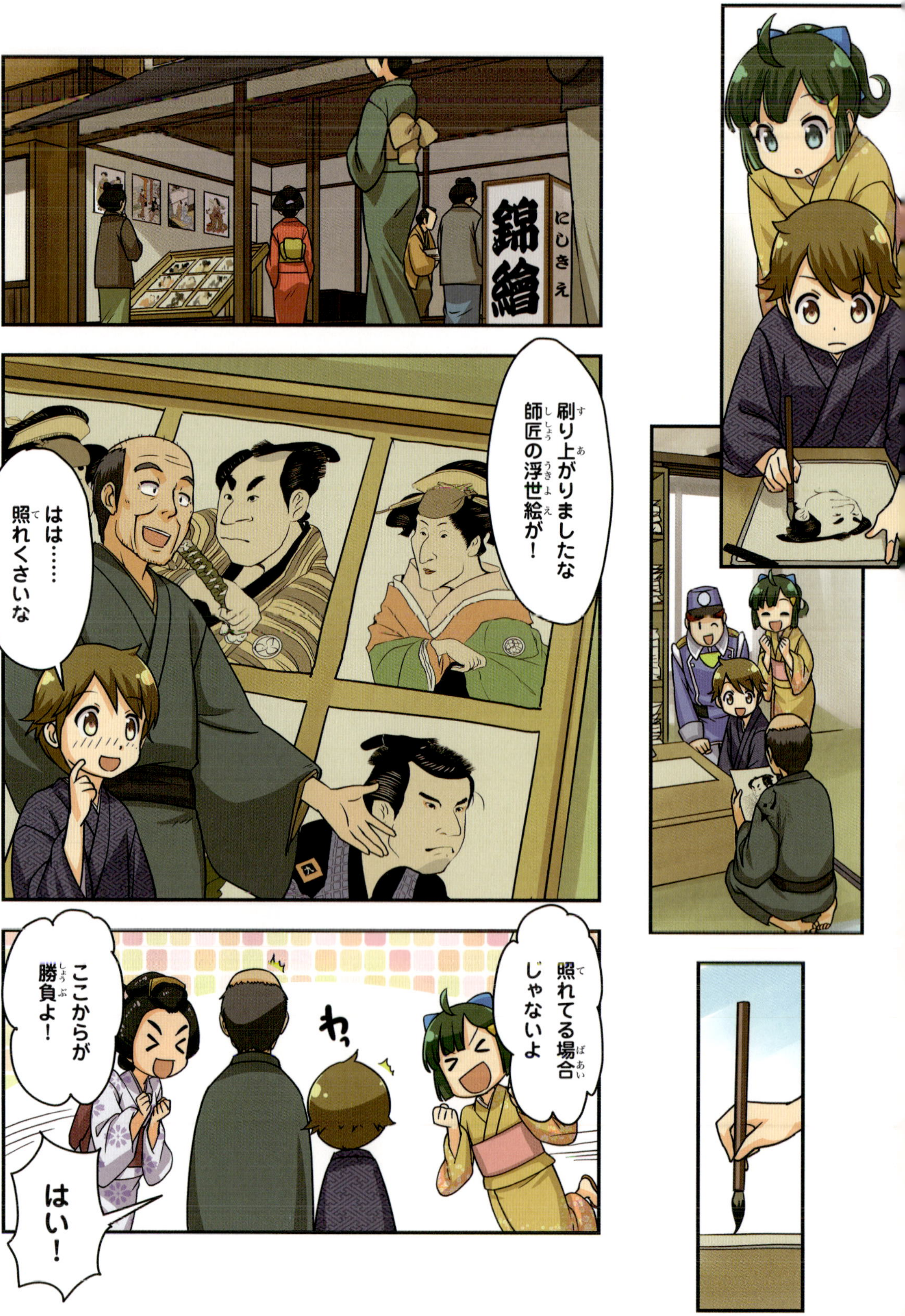
錦繪
にしきえ
刷り上がりましたな師匠の浮世絵が!
はは……照れくさいな
照れてる場合じゃないよ
わっ
ここからが勝負よ!
はい!

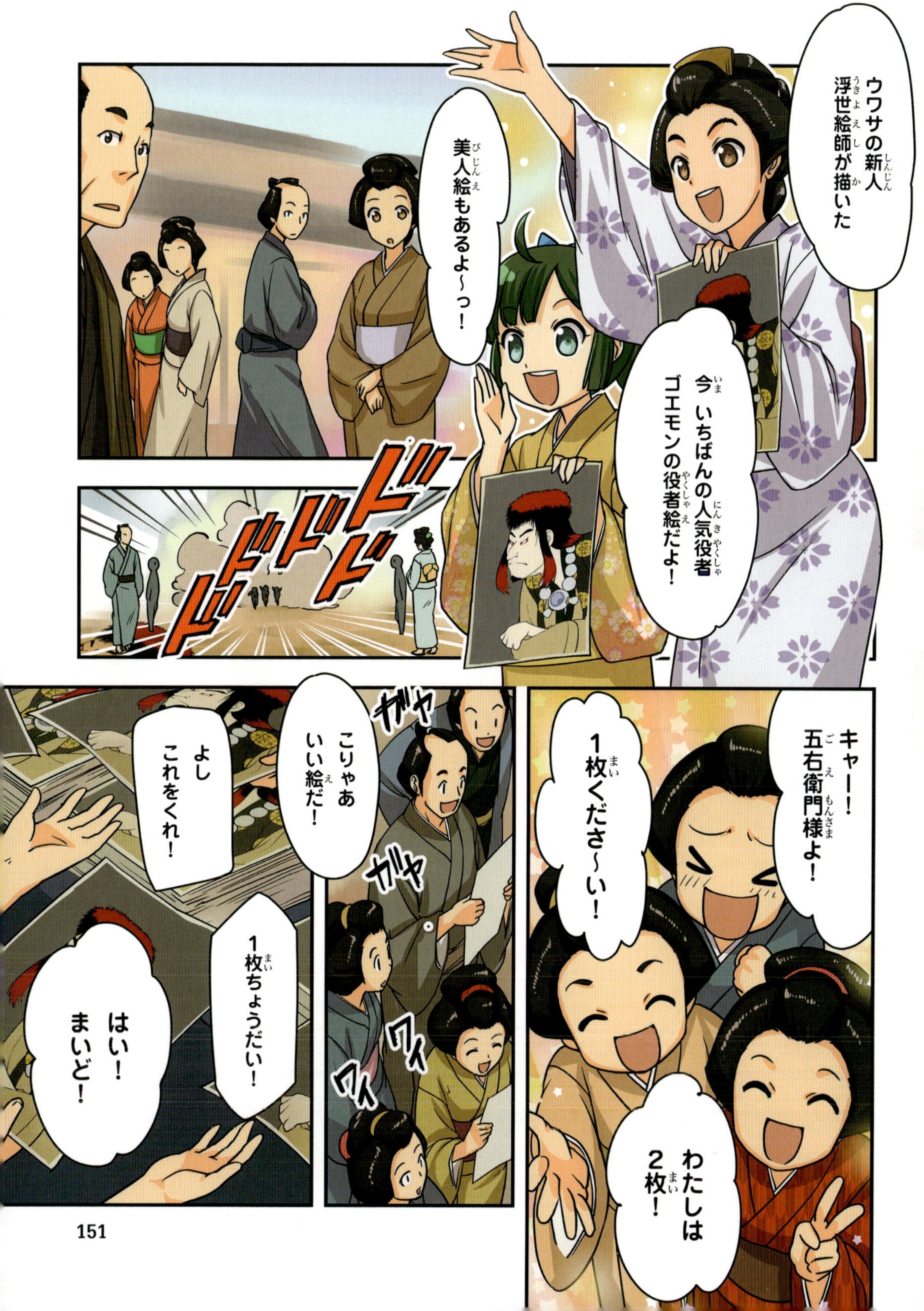
ウワサの新人浮世絵師が描いた
美人絵もあるよ〜っ!
今いちばんの人気役者ゴエモンの役者絵だよ!
ドドドドド
キャー! 五右衛門様よ!
1枚くださ〜い!
わたしは2枚!
ガヤ ガヤ
こりゃあいい絵だ!
1枚ちょうだい!
ワイ ワイ
よし これをくれ!
はい! まいど!

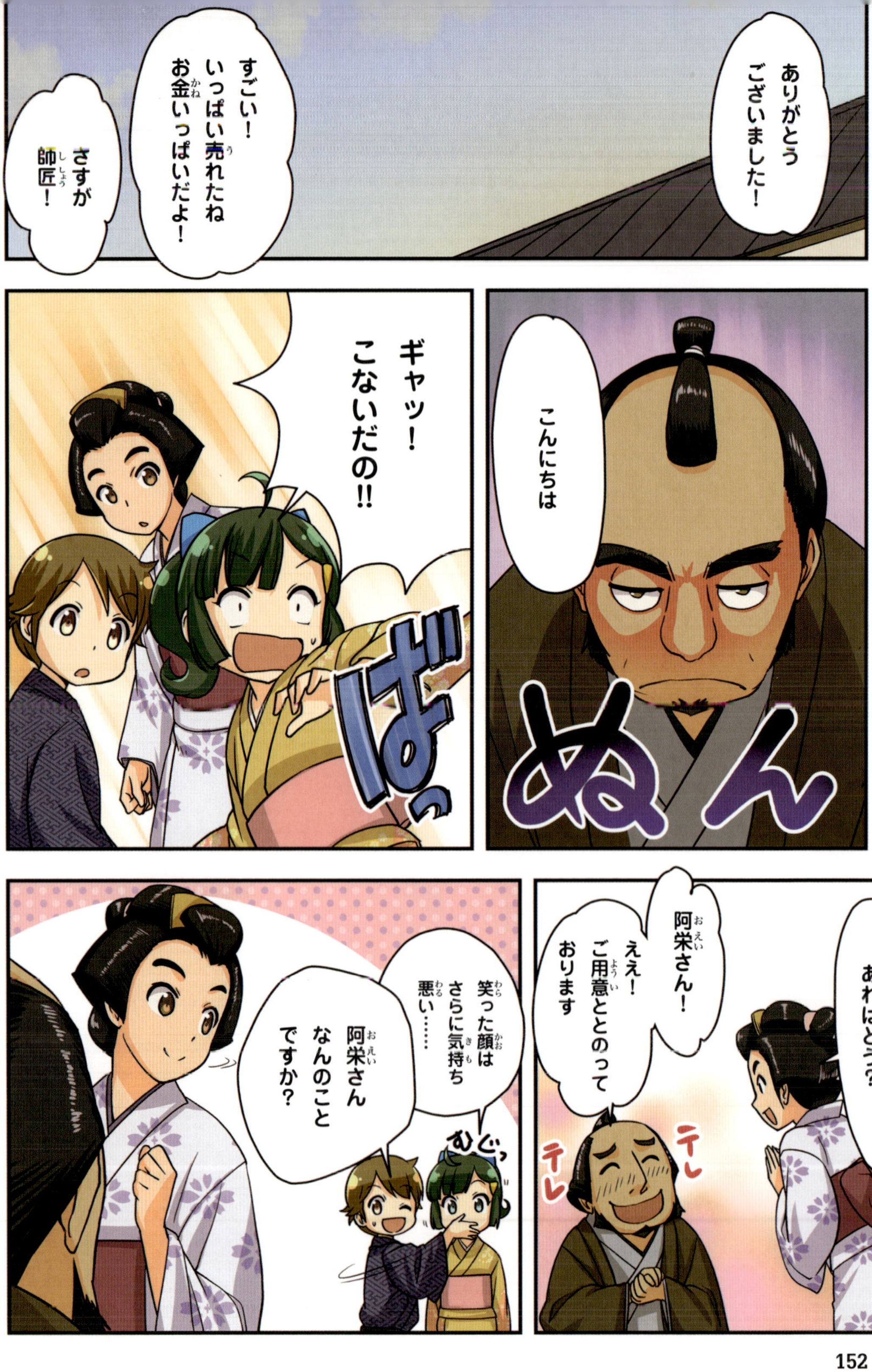

ありがとうございました！
すごい！いっぱい売れたね お金いっぱいだよ！
さすが師匠！
こんにちは
ぬん
ギャッ！こないだの!!
ばっ
ちょうどよかった あれはどう？
阿栄さん！
ええ！ご用意ととのっております
テレ
テレ
笑った顔はさらに気持ち悪い……
むぐっ
阿栄さんなんのことですか？

あなたたちがエレキテルを探してるっていうからこの人に頼んだの
エレキテル探し
わたしは古道具屋なんでも探してなんでも売買します
それでエレキテルは
21台集めてございます
お!
すご~い!やった-!!
ぴょん
でもお金足りるかな
あ……そうか
おすし400コが21だいぶん…
大丈夫よ!
ね~!
はい!全部で1両で!
デレ~
キュッ
安っ!
なんでじゃ…
ありがとう!さすが古道具屋さんね!
男性を手玉に取るなんてさすが阿栄さん
すごい特価だね……

エレキテル届いたよ～
ありがとうございます
さっそく帰る準備を始めましょう
はーい！
こんな感じかな
そうですね

カン
カン
ん?
この音なんだろ?
夕方を知らせる鐘の音かな
カン
カン
カン
カン
違う！火事だ！
えっ!?
カン
カン
カン

江戸の名物!? 火事と歌舞伎

① 火事が多かった江戸!

木でつくられた家が多い江戸の町では、火事がよく起こりました。気がはやい江戸っ子の気質と合わせて、「火事とケンカは江戸の華」という言葉があります。

江戸の火事への対策として、8代将軍・徳川吉宗と、町奉行の大岡忠相は、町人たちによる消防組織・町火消をつくりました。

江戸の町で火消が働いている様子（復元模型）
火が出た家のまわりの建物をこわして、火が燃え広がらないようにするのが、火消のおもな仕事だ
消防博物館蔵

水で完全に消火するのが難しいから家をこわすのさ

大岡忠相は1718（享保3）年に、町人による消防組織を設置した。その2年後、隅田川から西の町を47組（後に48組）、東の町を16組として、江戸の町火消が成立した

火消人足の服装
火消は江戸の人々のあこがれの的だった
消防博物館蔵

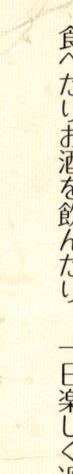

②江戸の町人の楽しみ、歌舞伎

歌舞伎は、江戸時代のはじめに生まれたかぶき踊りをルーツにもつ芝居です。江戸歌舞伎の代表的な芝居小屋が中村座です。江戸の町人は、歌舞伎見物にはおしゃれをして出かけ、歌舞伎を見ながら、お弁当を食べたりお酒を飲んだり、一日楽しく過ごしました。

中村座（復元模型）
歌舞伎役者の名前の看板やちょうちんなどが、にぎやかに飾られていた

江戸東京博物館蔵

芝居小屋の中をのぞいてみよう

①……【桟敷】料金の高い席。1階席と2階席がある。
②……【花道】役者が通る道。舞台とつながっている。
③……【平土間】一般の席。板で区切られている。
④……【舞台】役者が演じる場所。

市川團十郎など歌舞伎の有名な役者名は現代まで受け継がれています

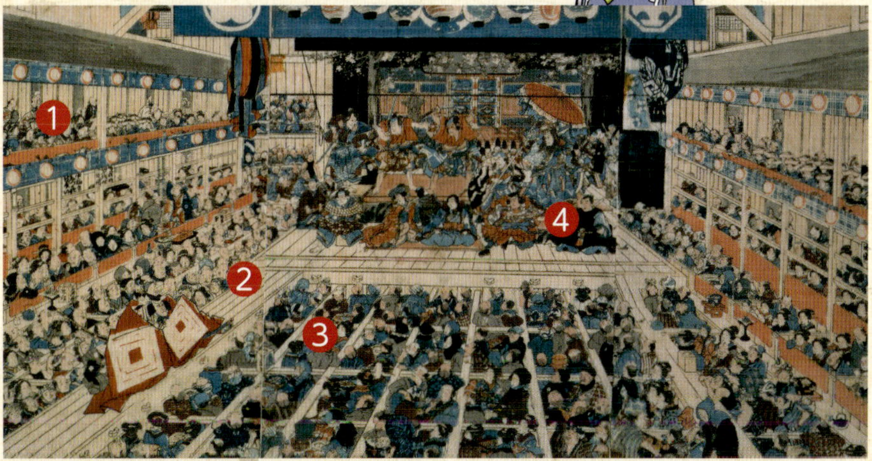

江戸時代後期の芝居小屋の様子

歌川国貞画「踊形容江戸絵栄」江戸東京博物館蔵
Image：東京都歴史文化財団イメージアーカイブ

火消は江戸の人気者！

10章 江戸の火事を消火せよ!!

カーン
カン
カン
見るかぎり 火元はわりと遠いところだが……
風向きによっては大火事になりかねん心配じゃ……
カン
カン
カン
この方向は……
歌舞伎小屋のほうじゃな……
カン
カン
へー
えっ!
歌舞伎小屋!?

人がいっぱいいるじゃん！
落ち着きなさい
ジタバタ
みんなを助けなきゃ！
子どもひとりで行っても仕方ないじゃろ！
ハヤタさん！このタイムマシンでなんとかできないですか？
消火作業できる機能はあると思いますがわたしにはよくわかりません……
じゃあゴエモンならできる？
そうですね彼のマシンですから
わかった！ゴエモンを連れてくる
北斎さん一緒に来て！
え？わしも？
ひとりで行かなきゃいいんでしょ！
おっと
ボクたちは準備進めとくから！
ダッ
おねがーい！

おーい！客は全員逃げたかーっ？
はい！あとは自分らだけです
よし！オレたちも逃げるぞ！
オレたちの小屋が燃えちまう！
そんなのごめんだぜ！
火消は何やってんだ!?
そんなこと言ってる場合じゃねえ
みんな急いで逃げろ！
ゴエモ〜ン！

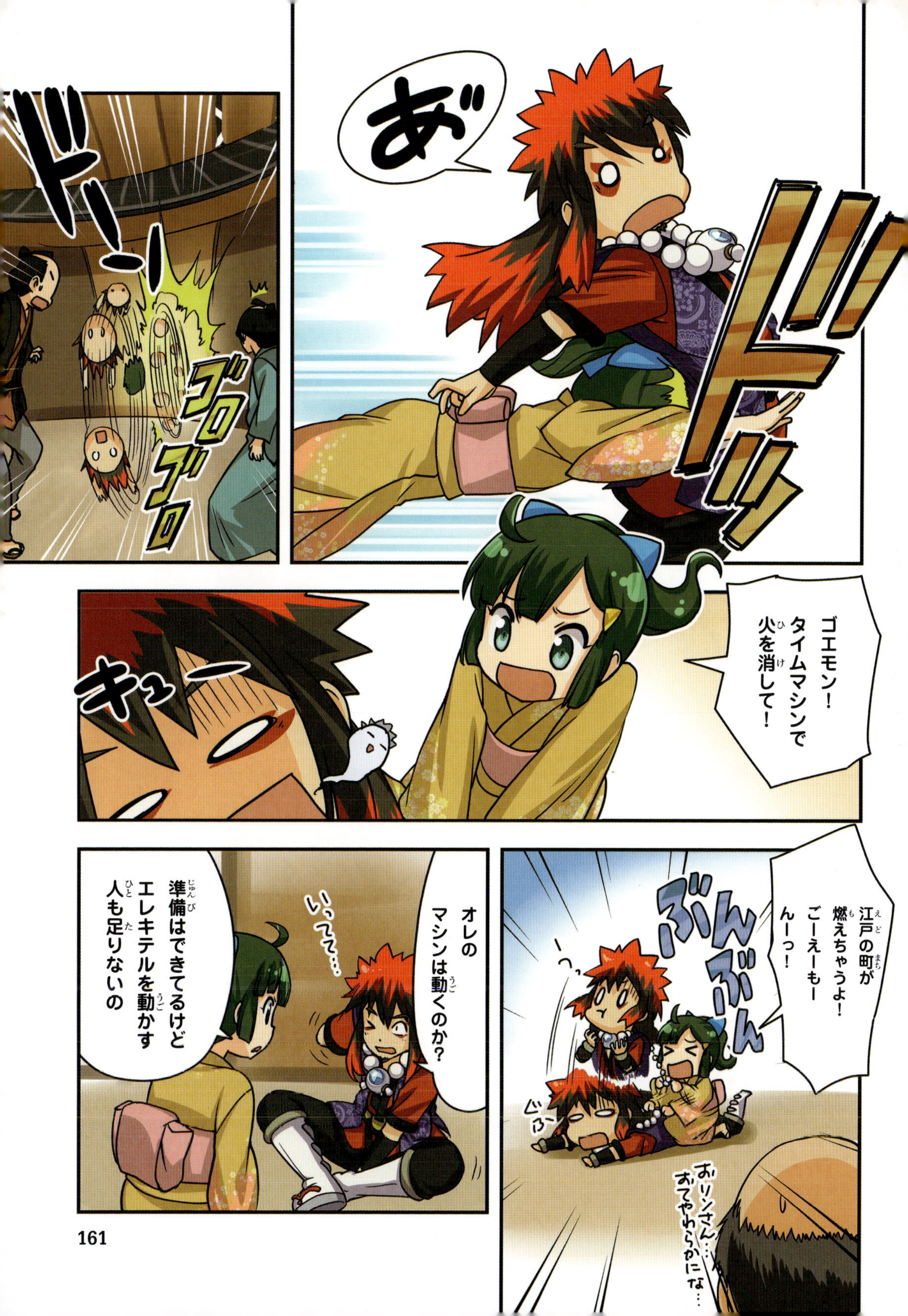
あ゛
ドドッ
ドドーー
ゴロゴロ
ゴエモン！タイムマシンで火を消して！
キュー
江戸の町が燃えちゃうよ！ごーえーもーんーっ！
ぶんぶん
おリンさん…おてやわらかにな…
オレのマシンは動くのか？
いってて…
準備はできてるけどエレキテルを動かす人も足りないの

そんなことなら問題ねえ
カカッ
おまえら江戸を火の海にしたくねえんだったらオレについてこい！
お～！
少な！
みんな避難しちまったからな
いや来るぞ！
誰が来るんだ？
決まってんだろ
ドドドッ
オレの大ファンたちよ～っ！
キャーーッ
ゴエモンさま～！
よーし行くぞー!!おまえたち！
ドドドドド

というわけでみなみな様がた
力を貸してくれ！
おーーっ!!
じゃあぼちぼちいこうぜ！
すたっ
オッケー!!
では みなさん取っ手を回してください！
グルグル
グルグル
グルグル

おお！
飛んだ……
よっしゃ！
あとは任せとけ！

火のまわりが早いぞ！
カン
カーン
カン
カン
みんな逃げろ！はやく！
火がまわってくる前にとなりの家を壊せ！
ドドッ
火の広がりをくいとめるんだ！
ガシャァ

だめだ！火の勢いがおとろえない！
大火になるぞ！
……雨？
いや……なんだ あれは……!?
そーら消火一発！
バッ
ゴエモンシャワー!!たっぷりくらいなーっ！

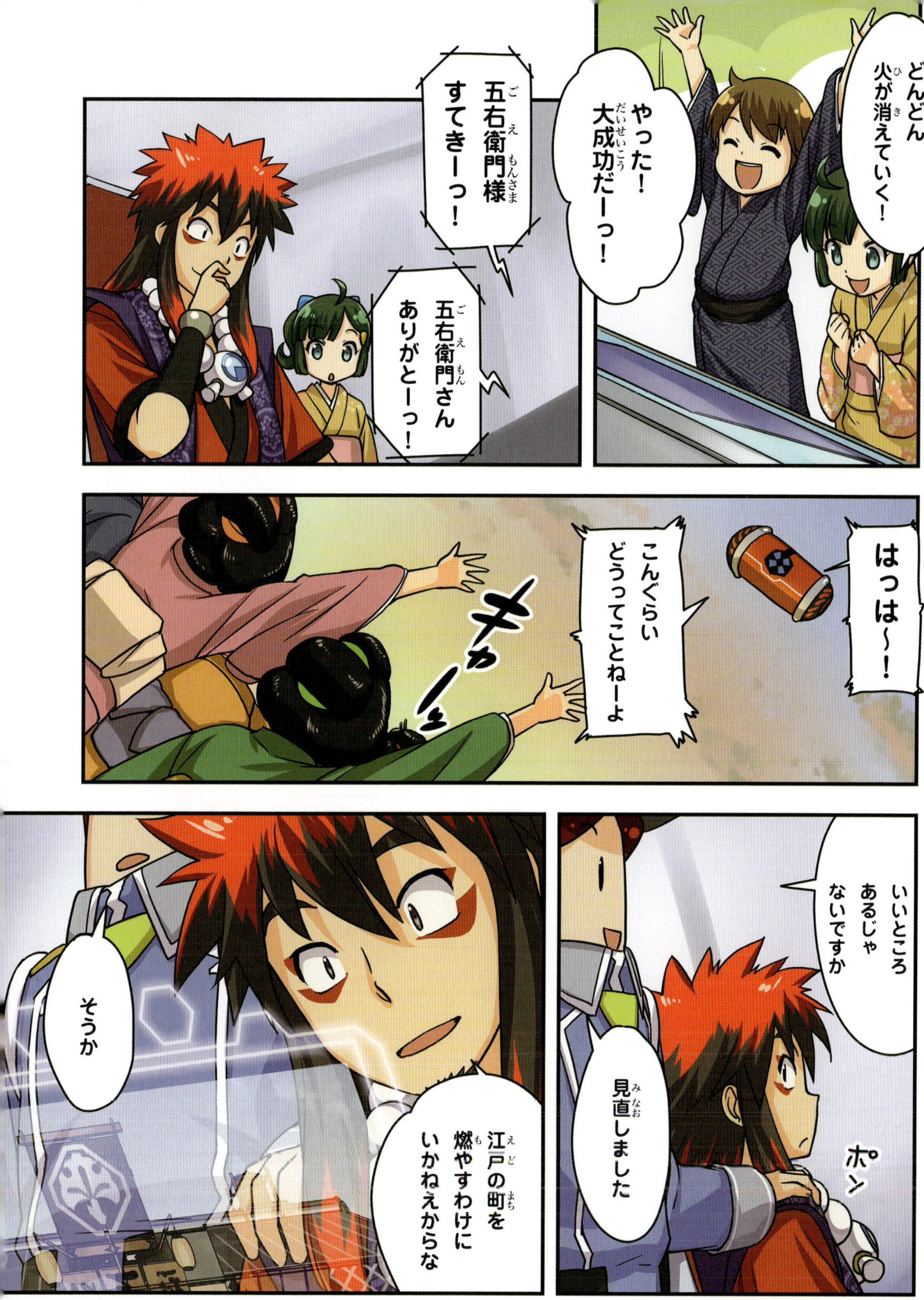
どんどん火が消えていく！
やった！大成功だーっ！
五右衛門様すてきーっ！
五右衛門さんありがとーっ！
はっは～！
こんぐらいどうってことねーよ
いいところあるじゃないですか
見直しました
ポン
そうか
江戸の町を燃やすわけにいかねえからな

それはともかく逮捕!
お!?
グルパッ
ちょっと待ってくれよ!
オレは今や歌舞伎の大人気役者なんだぜ!
多くの観客がオレを待ってるんだ!
バッ
なるほど……しかし今の消火作業の手柄をプラスしても
過去200件以上の絵画窃盗と時空間規則違反の数々
ギロッ
罪は罪ですから
泥棒やめるつもりだったのにね
しょうがないね
う… むぅ…
カッコよかったですよ

北斎さーん
阿栄さーん
ごはんも町も とっても楽しかったでーす!
ボクもすごく楽しくて勉強になりました!
いろいろありがとうございました!
師匠はなんとも不思議なお人でしたが……
わしも師匠に負けないよう努力しますゆえ
どうぞお元気でーっ!
はーいっ!

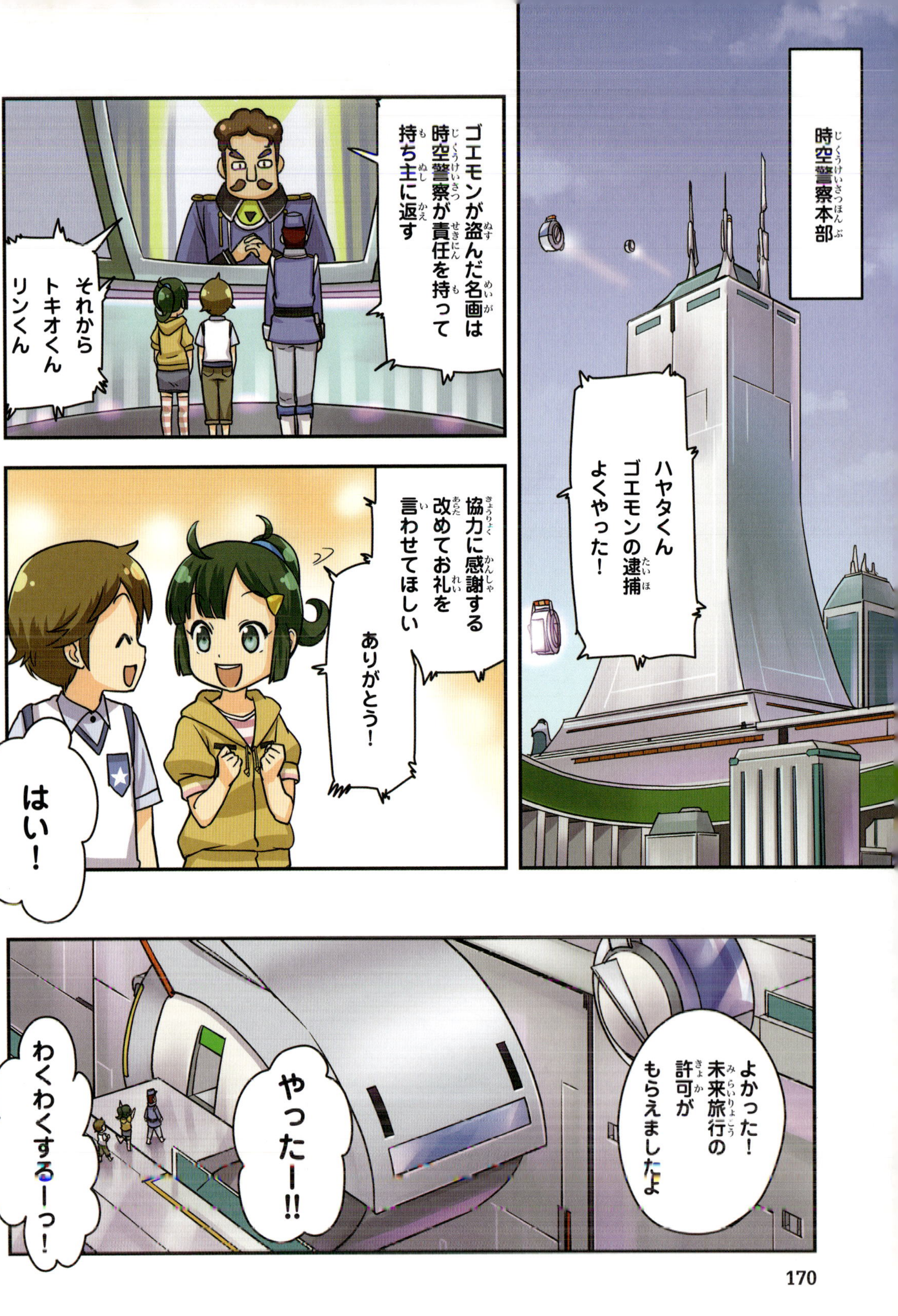
時空警察本部
ハヤタくん ゴエモンの逮捕 よくやった！
ゴエモンが盗んだ名画は 時空警察が責任を持って 持ち主に返す
それから トキオくん リンくん
協力に感謝する 改めてお礼を 言わせてほしい
ありがとう！
はい！
よかった！ 未来旅行の 許可が もらえましたよ
やったー!!
わくわくするーっ！

さーて
何年先に
行きますか？
そうだな～
だったら
おすすめの
年代があるぜ！
え？
あ……
よっ
ゴエモン？？？？
時空間特別刑務所に
入ったはずじゃ……
あんなの
どうってことねーよ
らくらく
ぬけだせたぜ！
さあて おまえたち
楽しい時間旅行と
いこうぜ！
おー!!
うそー!?
ふたりまで?!

「江戸の町のサバイバル」終わり。

江戸の3大改革って？

① 徳川吉宗の「享保の改革」

1716（享保1）～1745（延享2）年

18世紀のはじめ頃、幕府の財政が厳しくなり、けらいの武士たちに支払う給料（米）すら不足するようになりました。そこで、8代将軍になった徳川吉宗は、幕府の財政を立て直すための改革を行いました。吉宗の改革を「享保の改革」といい、その後に行われた「寛政の改革」「天保の改革」の3つを合わせて、江戸の3大改革といいます。

8代将軍・徳川吉宗

東京大学史料編纂所所蔵模写

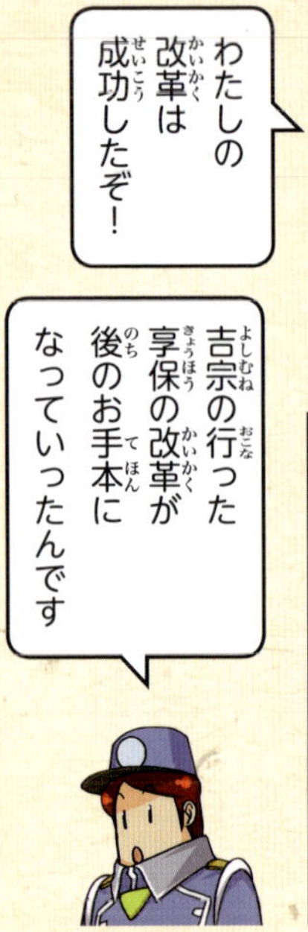

わたしの改革は成功したぞ！
吉宗の行った享保の改革が後のお手本になっていったんです

改革の基本

1、節約して支出（出るお金）を減らす。
2、増税や新田開発などで産業を発展させて、収入（入るお金）を増やす。
3、新たな法律や政策によって、政治を安定させる。

② 松平定信の「寛政の改革」

1787（天明7）～1793（寛政5）年

18世紀のなかば頃、幕府の財政は再び悪化しました。そこで、*老中の松平定信は、農村の立て直しに力を入れ、人々に節約を求めました。また、政治批判を禁じるなどして、幕府の権威を高めました。松平の寛政の改革はひとまず成功したといえますが、人々からは厳しい改革への反感も買いました。

*老中＝将軍直属の、幕府で最高の職

江戸時代のキーパーソン 9

吉宗の政治を理想に

松平定信

★生没年 1759～1829年

8代将軍 徳川吉宗の孫で、吉宗の政治を理想とした。11代将軍・徳川家斉の時代に、幕府の老中を務めて「寛政の改革」を行ったが、家斉と対立し、約6年で辞任した。

東京大学史料編纂所所蔵模写

③水野忠邦の「天保の改革」

1841（天保12）〜1843（天保14）年

19世紀に入ると幕府の力はおとろえます。老中の水野忠邦は、幕府の力を再び強くしようと、天保の改革に取り組みます。

ぜいたくを禁止し、商人の力を抑え、幕府の収入を増やそうとしましたが、あらゆる方面の人々から反対を受け、わずか2年で失敗に終わりました。この後、幕府の力はおとろえていくばかりになります。

天保の改革は人々に厳しすぎたんじゃよ

もの知りコラム

幕府の元役人が幕府に反乱！

大塩の乱

大塩平八郎は大坂町奉行所の元役人。天保の*飢饉で米不足に苦しむ大坂の人々のために、奉行所に助けを求めました。しかし、聞き入れられず、商人たちが米を買い占めているのを知ると、人々のために反乱を起こしました。反乱はその日のうちに鎮圧されましたが、大塩の乱は幕府を大いにあわてさせました。

*飢饉＝災害や悪天候などによって農作物がとれず、人々が飢えに苦しむこと

江戸時代のキーパーソン 10

改革に挑むがうまくいかず

水野忠邦

★生没年 1794〜1851年

12代将軍・徳川家慶の時代、幕府の老中を務めた。「天保の改革」は、幕府の内部からも反対が出るなどしてうまくいかなかった。

首都大学東京図書情報センター蔵

江戸時代のキーパーソン 11

人々のために反乱を起こした

大塩平八郎

★生没年 1793〜1837年

役人をやめた後も、自宅で塾を開いて弟子の教育にあたっていた。1837（天保8）年、弟子たちとともに反乱を起こしたが失敗に終わり、自ら命を絶った。

菊池容斎画　大阪城天守閣蔵

江戸時代年表

江戸時代

1603年	徳川家康が征夷大将軍になり、江戸に幕府を開く
	出雲阿国が北野天満宮（京都府）でかぶき踊り（歌舞伎のルーツ）を踊って大評判となる
1614年	大坂冬の陣（家康が大坂城の豊臣氏を攻める）
1615年	大坂夏の陣（家康が豊臣氏を滅ぼす）
1637年	島原・天草一揆（島原の乱）が起きる（～1638年）
1657年	明暦の大火（江戸時代最大の火事で、江戸城の天守も焼け落ちる）
1689年	松尾芭蕉が『おくのほそ道』の旅に出る
1709年	新井白石が政治改革（正徳の治）を始める（～1716年）
1716年	8代将軍・徳川吉宗が享保の改革を始める（～1745年）
1774年	杉田玄白が仲間と『解体新書』を出版する
1776年	平賀源内がエレキテルの復元に成功する

1787年	松平定信が寛政の改革を始める（～1793年）
1798年	本居宣長が『古事記』の注釈書『古事記伝』を完成させる
1825年	歌舞伎の「東海道四谷怪談」が初めて演じられる
1831年	この頃、葛飾北斎の「富嶽三十六景」の出版が始まる
1833年	天保の飢饉が起きる（～1839年）
1837年	幕府の元役人・大塩平八郎が大坂で反乱を起こす（大塩の乱）
1841年	水野忠邦が天保の改革を始める（～1843年）
1853年	アメリカの使節・ペリーが黒船に乗って日本にやってくる
1854年	日米和親条約が結ばれる
1866年	薩長連合（同盟）が成立する
1867年	大政奉還（15代将軍・徳川慶喜が朝廷に政権の返上を表明する）
	王政復古の大号令（天皇の政治に戻すことが宣言される）

監修	河合敦
編集デスク	大宮耕一、橋田真琴
編集スタッフ	泉ひろえ、河西久実、庄野勢津子、十枝慶二、中原崇
シナリオ	中原崇
作画協力	黒衣ちゃん、市川智茂
コラムイラスト	相馬哲也、トリル、横山みゆき
コラム図版	平凡社地図出版、エスプランニング
参考文献	『早わかり日本史』河合敦著 日本実業社／『詳説 日本史研究 改訂版』佐藤信・五味文彦・高埜利彦・鳥海靖編 山川出版社／『21 世紀 こども百科歴史館』小学館／『Jr 日本の歴史⑤ 天下泰平のしくみ』大石学著 小学館／『ニューワイドずかん百科 ビジュアル日本の歴史』学研／『日本人はどのように建築物をつくってきたか4 江戸の町（上）巨大都市の誕生』内藤昌著 イラストレーション穂積和夫 草思社／『決定版 図解 江戸の暮らし事典』河合敦監修 学研パブリッシング／『模型でみる江戸・東京の世界』江戸東京博物館／『北斎クローズアップ Ⅲ 江戸の美人と市井の営み』永田生慈監修・著 東京美術／「別冊太陽 浮世絵図鑑 江戸文化の万華鏡」平凡社／「別冊太陽 写楽」平凡社／「週刊マンガ日本史 改訂版」46、56 ～ 60、64 号 朝日新聞出版／「週刊マンガ世界の偉人」57、69 号 朝日新聞出版／「週刊なぞとき」2、19 号 朝日新聞出版

※本シリーズのマンガは、史実をもとに脚色を加えて構成しています。

江戸の町のサバイバル

2016年12月30日　第1刷発行

著　者　マンガ：大富寺航／ストーリー：チーム・ガリレオ
発行者　須田剛
発行所　朝日新聞出版
〒104-8011
東京都中央区築地5-3-2
編集　生活・文化編集部
電話　03-5540-7015（編集）
03-5540-7793（販売）

印刷所　株式会社リーブルテック

ISBN978-4-02-331514-3
定価はカバーに表示してあります

落丁・乱丁の場合は弊社業務部（03-5540-7800）へ
ご連絡ください。送料弊社負担にてお取り替えいたします。

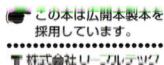